包装设计

□ 主 编 陈雪影 刘方义 孙 湛
□ 副主编 张 翀 魏菲娅 王茵雪

高 等 院 校 艺 术 学 门 类
"十四五"规划教材·应用型系列

★ 安徽省精品线下开放课程配套教材

U0320529

A R T D E S I G N

华中科技大学出版社
http://www.hustp.com
中国·武汉

图书在版编目(CIP)数据

包装设计/陈雪影,刘方义,孙湛主编.—武汉:华中科技大学出版社,2021.12

ISBN 978-7-5680-7689-0

Ⅰ.①包… Ⅱ.①陈… ②刘… ③孙… Ⅲ.①包装设计 Ⅳ.①TB482

中国版本图书馆 CIP 数据核字(2021)第 225418 号

包装设计

陈雪影 刘方义 孙 湛 主编

Baozhuang Sheji

策划编辑:江 畅

责任编辑:刘 静

封面设计:优 优

责任监印:朱 玢

出版发行:华中科技大学出版社(中国·武汉)　　电话:(027)81321913

　　　　　武汉市东湖新技术开发区华工科技园　　邮编:430223

录　　排:武汉创易图文工作室

印　　刷:湖北新华印务有限公司

开　　本:880 mm×1230 mm　1/16

印　　张:9

字　　数:292 千字

版　　次:2021 年 12 月第 1 版第 1 次印刷

定　　价:56.00 元

本书若有印装质量问题,请向出版社营销中心调换

全国免费服务热线:400-6679-118　竭诚为您服务

版权所有　侵权必究

前言
Foreword

包装自古有之。俗话说，"三分长相、七分打扮"，这个"打扮"指的就是对人体的包装。古人也有云，"人靠衣装马靠鞍""人靠衣装，佛靠金装"，这里的衣装、马鞍，以及佛像上的金装，指的也是包装。同样的道理，给不同的商品穿上漂亮的外衣，就是对商品的包装。包装在我们的生活中无处不在，我们每天都生活在包装的世界里。因为，所有的商品都离不开包装。

长久以来，商家运用有形有色、富有感染力的包装设计来吸引消费者购买产品，包装成为产品营销的重要部分。好的包装设计能让产品在众多同类商品中脱颖而出，最先获得消费者的关注，起到宣传品牌、引导消费的作用。尤其是在商品经济高度发达的今天，产品同质化程度越来越高，市场趋于饱和，商业竞争愈演愈烈，商家更加注重通过产品包装设计来增强产品的市场竞争力，以优秀的包装设计赋予产品高附加值或利润。

本书主要特色如下。

第一，结合实例，体例新颖。本书采用新颖的理念和体例进行编写，力求适应人才培养和课程教学的需要。

第二，配套的 PPT、视频资源等元素齐全，能广泛适应各层次的教学需要。

第三，理念新颖，案例优秀。本书精选近年来国内、国际的优秀包装设计案例，融入全新的教学理念和教学要求，符合教改主题，以探索、引导人才培养模式。

第四，加强实践，联合编写。本书立足于教学和学生的特点，切实加强实践要素，编者是实践经验丰富、教学理论水平很高的优秀教师，且所授"包装设计"课程于 2019 年 12 月被确定为安徽省精品线下开放课程。

第五，配置二维码链接资源。书中大部分内容都配有二维码，读者可用手机或平板电脑扫描书中的二维码，观看课程视频，以及阅读更多有价值的设计资料和其他相关资料，获得更佳的阅读体验。

另外，读者可登录以下两个网站拓展学习：http://www.ehuixue.cn/index/detail/index？cid＝33873、http://spoc.abc.edu.cn/explore/courses/1352969558482079746。

本书共分为六章，内容包括包装设计概论、休闲食品包装设计、农产品包装设计、酒产品包装设计、礼品包装设计、现代包装设计的发展趋势。全书由陈雪影、刘方义、孙湛任主编，由张翀、魏菲娅、王茵雪任副主编。具体编写分工如下：第一章由陈雪影编写，第二章由张翀编写，第三章由孙湛编写，第四章由魏菲娅编写，第五章由刘方义编写，第六章由王茵雪编写。

本书在编写过程中参考了相关的文献，得到了安徽汇丰制罐包装有限公司、安徽工程大学史启新教授、安徽师范大学谭小飞博士的大力支持，华中科技大学出版社江畅编辑为本书的顺利出版付出了大量辛勤而细致的工作，在此一并表示衷心的感谢。

由于编者水平有限，书中不足之处恳请读者指正。

编　者
2021 年 10 月

目录
Contents

Baozhuang Sheji

第一章
包装设计概论

> **教学目标**

通过对本章的学习,对包装设计岗位的需求有基本的认知,了解包装设计的概念与简单发展脉络,掌握包装设计的功能与分类。

> **教学重点**

本章节重点是要求初学者充分了解包装设计的概念和含义,通过对一些包装作品的分析,使初学者掌握包装设计的发展脉络和功能。

> **实训课题**

实训一:

通过各种渠道(实际案例、网络、图书馆等)收集图片或照片资料,分析不同时期、不同材料包装的特点。

第一节
对包装的基本认识

包装自古有之,什么是包装呢? 俗话说,"三分长相、七分打扮",这个"打扮"指的就是对人体的包装。古人也有云,"人靠衣装马靠鞍""人靠衣装,佛靠金装",这里的衣装(见图 1-1、图 1-2)、马鞍(见图 1-3),以及佛像上的金装(见图 1-4),指的也是包装。同样的道理,给不同的商品穿上漂亮的外衣,就是对商品的包装。比如农夫山泉矿泉水,瓶子以及瓶身上的花纹和图案,就是对商品矿泉水的包装(见图 1-5、图 1-6)。再比如一盒坚果,结构巧妙的纸盒以及纸盒上面的图案和文字,就构成了坚果的包装(见图 1-7)。可以说,包装在我们的生活中无处不在,我们每天都生活在包装的世界里。因为,所有的商品都离不开包装。

图 1-1　现代服装(一)

图 1-2　现代服装(二)

图 1-3　马鞍　　　　　　　　　　　　　　　　图 1-4　镀金佛像

图 1-5　农夫山泉矿泉水包装(一)　　　　　　图 1-6　农夫山泉矿泉水包装(二)

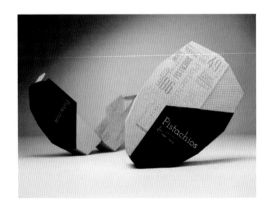

图 1-7　坚果包装

　　关于包装,还有这样一则小故事。早在 1915 年,巴拿马太平洋万国博览会在美国的旧金山召开(见图 1-8),当时的北洋政府带着一批包括在我们国家赫赫有名的茅台酒在内的以农业产品为主力的中国展品

前去参展。由于当时我国社会动荡、经济落后,很多企业并不十分重视对商品的包装,加上受材料和技术的限制,茅台酒被装在一种深褐色的陶罐中(见图1-9),包装非常的简陋土气,而且杂列在农产品中,根本不起眼。中国代表团担心茅台酒这样有竞争力的展品被埋没在农业馆,于是就想办法将茅台酒移到显眼的食品加工馆。哪知道,在搬动的过程中茅台酒陶罐不慎摔碎,顿时酒香四溢,惊倒四座。就这样,茅台酒进入了万国博览会众人的眼中。如今,新包装的茅台酒在包装盒里增加了两个酒杯的创意(见图1-10),也是受此启发。除了有装饰和实用价值以外,新包装更含有纪念巴拿马太平洋万国博览会的文化意义。

图1-8　1915年巴拿马太平洋万国博览会

图1-9　陶罐包装

　　虽然这个结果是成功的,但是也给我们留下了一个深刻的教训——酒香也怕巷子深(见图1-11)。好的商品也需要好的包装设计,成功的包装设计不仅能保护商品,便于商品的运输和摆放,更重要的是能使消费者了解商品,增强消费者对商品品牌的信任度,增加商品的美感和艺术感,体现浓郁的文化特色,最终让消费者产生强烈的购买欲望,从而达到促进销售的目的。所以说,成功的包装设计就是商场中的"无声的促销员"。

图1-10　茅台酒新包装

图1-11　漫画《酒香更怕巷子深》

　　包装设计是一门综合性很强的艺术设计学科,除了平面设计的知识外,还涉及材料和印刷技术。"包装设计"课程就是让大家了解包装和包装设计的主要内容,并且学会如何设计出美观而又实用的包装。本书介绍了休闲食品包装、农产品包装、酒产品包装和礼品包装四个大的包装类别,以包装设计的案例制作为主线,强调对学生实践能力的培养,在了解包装概念的基础上,以模块化的形式,讲解包装设计中的字体、图形、色彩、版面编排,以及包装设计效果图的制作,并配以大量的包装设计作品供学生赏析。(见图 1-12 至图 1-27)

图 1-12　清新风格的卷纸包装设计

图 1-13　高雅美观的食品包装设计

图 1-14　复古精致的巧克力包装设计

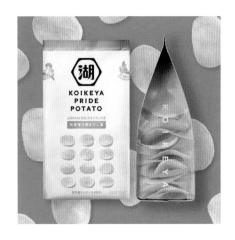

图 1-15　休闲食品包装（一）

图 1-16　休闲食品包装（二）

图 1-17　休闲食品包装（三）

图 1-18　农产品包装（一）

图 1-19　农产品包装（二）

图 1-20　农产品包装（三）

图 1-21　饮品包装

图 1-22　酒包装（一）

图 1-23　酒包装（二）

图 1-24　礼品包装（一）

图 1-25　礼品包装（二）

图 1-26　礼品包装（三）　　　　　　　图 1-27　礼品包装（四）

第二节
包装设计岗位认知

　　学习包装设计，具体要学习哪些内容呢？要搞清楚这个问题，首先要对市场中包装设计的岗位要求有一个清醒的认知。

　　包装设计师应该准确把握市场和消费者的需求，具备良好的设计创意能力与审美素养，掌握包装设计的相关工具，熟悉包装设计项目流程，熟悉包装生产制作的材料与工艺等。

一、一名合格的包装设计师必须具备的职业能力

图 1-28　设计师工作环境绘制

　　（1）熟练运用各类平面设计软件及制图软件，如CorelDRAW、Photoshop、Illustrator 等；

　　（2）具备良好的图形、文字、编排等平面设计基础；

　　（3）具备一定的品牌设计与广告设计能力，能准确理解包装设计与品牌设计、广告设计的关系；

　　（4）熟悉产品的包装结构、材料、工艺设计、印刷工艺，以及包装设计制作流程；

　　（5）对时尚具有敏锐的洞察力，具有创新意识和良好的审美能力，能准确把控平面设计思路；

　　（6）具备良好的设计实践能力和团队协作精神，以及良好的沟通能力与理解能力。（见图 1-28、图 1-29）

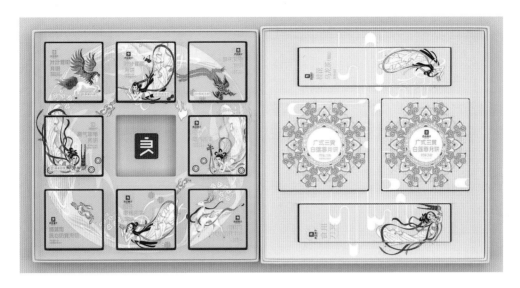

图 1-29　有创意的包装设计

二、包装设计项目的工作流程

作为包装设计师,除了具备以上职业能力之外,还要熟悉包装设计项目的工作流程。任何工作都必须遵循相应的工作流程和工作方向,包装设计只有按照规范的设计流程与方法开展项目,工作才能有效保证顺利推进,从而保证包装设计的效果。一般设计项目的开展可以分成沟通调研、项目策划、设计表现和生产制作四个阶段,包装设计项目也是如此。

1. 沟通调研阶段

在包装设计的工作流程中,有关产品的一些营销计划、产品分析等数据是企业或品牌管理者需要提供的数据,因此了解包装设计的步骤与流程是包装设计能否成功的关键。孙子曰:"多算胜,少算不胜。"调研活动也是一样,一次有价值的调研往往是事前谋划好并周密实施的调研。(见图 1-30)

图 1-30　沟通交流

任何设计策略都不能背离市场(消费者),事前的信息分析很重要。无论是一本企业画册的设计、一个产品的包装设计,还是一小张瓶标贴纸、一个合适的包装容器造型的产生,都绝非设计师经主观设计而成的,设计师必须有凭有据(前期的市场调研资料)地依逻辑推演出设计方案。一份工作流程表的主要目的是让我们的工作更顺畅地完成。

按照常规工序,调研前的子工作类型有:第一次需求沟通、对标案例体验与分析;第二次需求沟通、调研计划制定。明确客户需求,准确把握设计对象的特点是包装设计项目顺利开展的前提。因此,设计师应首先与客户进行沟通交流,通过有效沟通和必要的调研工作,明确企业的背景、企业文化、品牌形象、产品特点以及市场推广与营销策略等相关信息。双方明确项目实施的可能性、具体实施内容和实施进程等,为包装项目实施奠定基础。

2. 项目策划阶段

在开始设计工作之前，还应进行前期的项目策划工作，以确定设计的方向和目标。通过前期的产品研究、市场调研等，找到产品包装的市场切入点，确定目标消费群体，并根据销售对象的年龄层、职业层、性别等因素来综合考虑产品的特点、销售方式以及包装形象设计，结合产品定位和竞争对手的情况确定产品的特性、卖点、成本以及售价等，最终形成详细的包装设计策划方案，明确包装设计的定位、思路、实施方案等，保障包装设计项目顺利实施。(见图1-31)

图 1-31 头脑风暴

3. 设计表现阶段

在这一阶段，项目设计团队需要对包装设计项目进行研讨，明确设计重点及视觉传达表现、造型设计和包装结构设计等的具体方案。具体来说，本阶段包含以下内容。

(1)设计分析。

设计分析以市场调研为基础，是建立在资料分析之上的设计思维判断。设计分析的工作包括提出图形、色彩、文字、材料的整合构思，确定实现设计需要采取哪些具体的手法、工艺等，并预测产品包装最终的表达效果，以及产品投放市场后所产生的市场效应、社会效益等。

(2)初步设计。

初步设计是快速地构思和表现各种创意方案的环节，即对设计对象从多角度、多层次尝试性地拟定各种可能的初期设计方案。(见图1-32)

(3)设计深化。

这一环节必须处理和解决好两个方面的问题：一方面是在深入讨论设计理念与设计草图是否一致的基础上，从创意、艺术性、文化性、审美性等层面对初步设计的草图进行筛选，从中选出具有代表性的草图；另一方面是对选中的草图进行深化设计，作初期的效果图。

(4)设计定稿。

这一环节要求对前期选择的优秀的方案，采用适当的表现手法，使之完美、准确地表现出来，并围绕主题进行再设计。

(5)方案验证。

在这一环节，客户会将定稿的几个方案进行包装印刷，鉴定工艺、技术等各方面的可行性，同时测试造型、色彩与环境及流行趋势的吻合程度，为生产制作进行最后的方案验证。

三、生产制作阶段

生产制作是包装设计方案实现成品转化的必然手段,也是包装设计流程中的重要环节。以纸盒包装生产制作为例,其制造工艺流程为:制版、印刷→表面加工→模切、压痕→制盒。一件包装设计作品的完成不仅仅是完成纸面上的方案或电脑上的图纸,还包括包装成品生产制作、消费者使用以及用户反馈的全过程。在设计的过程中既要系统策划整体创意,也要解决每一阶段的具体问题,同时不断地对最初的需求和目的做出反馈与调整,这样才能做出优秀的包装设计作品。(见图1-33)

图 1-32　设计表现

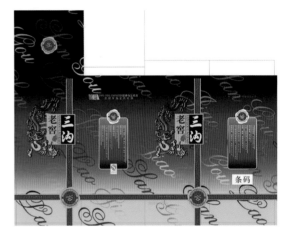

图 1-33　生产制作

第三节
包装设计的概念与发展

一、包装的定义

从字面上讲,"包装"一词属于并列结构,"包"即包裹,"装"即装饰,意思是把物品包裹、装饰起来。从设计角度讲,"包"是用一定的材料把东西裹起来,其根本目的是使东西不易受损、方便运输,这是实用科学的范畴,属于物质的概念;"装"是指事物的装饰点缀,即把包裹好的东西用不同的手法进行美化装饰,使包裹从外表看上去更漂亮,这是美学的范畴,属于文化的概念。(见图1-34、图1-35)

"包装"是指将这两种概念合理、有效地融为一体,是将美术与自然科学相结合,运用到产品的包装保护和美化方面。它不是广义的"美术",也不是单纯的装潢,而是含科学、艺术、材料、经济、心理、市场等综合要素的多功能的体现。

总而言之,包装设计是指选用合适的包装材料,运用巧妙的工艺手段,为包装商品进行的容器结构造型

和包装的美化装饰设计。从设计学角度来看,包装设计是将包装设计艺术与技术相结合,以商品的保护、使用、促销为目的,将科学的、社会的、艺术的、心理的诸多要素整合在一起的专业设计。包装设计主要有包装容器造型设计、包装结构设计、包装装潢设计、包装艺术设计等。

图 1-34　饮料包装(一)

图 1-35　酒包装(三)

在《包装术语　第 1 部分:基础》的描述中,包装含有两方面意思,一是作为包装的容器、材料及辅助物的总称,二是为满足或达到上述目的而实施的一系列操作活动。

不同的国家对包装的定义虽然有区别,但基本内容其实大同小异。美国对包装的定义是:为产品的运输和销售所做的准备行为。英国对包装的定义是:为货物的运输和销售所做的艺术、科学和技术的准备工作。日本对包装的定义是:使用恰当的材料、容器并施以技术,使产品安全到达目的地。加拿大对包装的定义是:将产品由供应者到达顾客或消费者,而能保持产品处于完好状态的工具。

本书内容主要侧重于包装艺术设计方面的内容。

二、包装设计的内涵

包装:侧重于容器造型,应具有相应的理工科知识和技能。

设计:英语为 design,汉语译为图案、设计的意思,拉丁语意为"通过符号把设计表达出来"。设计是一个有预期目的的视觉传播计划。设计绝不是简单地把美术手段施加到某商品上去。设计和艺术两者不可断然分割,两者是相互渗透、融为一体的关系。

包装设计是产品营销整体策划的形象工程的重要部分,设计是一门自成体系的艺术与技术相结合的系统工程。纯绘画艺术重在艺术家个人感情的抒发;而商品包装设计受到客观条件的限制,除了满足美学上的要求外,还必须考虑到实用性、科学性等方面。

三、包装设计的形态

1. 包装设计的古代形态

包装设计最早被称为"装潢设计"。"装潢"一词,历来就有,在史料中并不罕见,如"亭长六人,掌固八人,熟纸匠、装潢匠各十人,笔匠六人"(《唐六典·卷十·秘书省》);"(秘书省)有典书四人,楷书十人,……,

装潢匠十人"（《新唐书·卷三十七·百官志·秘书省》）；"《齐民要术》有《装潢纸法》云：……。写讫入潢,辟蠹也"（《西溪丛语》）。另外,明代周嘉胄的《装潢志》、清代周二学的《一角篇》都是有关包装装潢艺术的专著。

潢：积水池,因书画边缘装饰绫锦,其本身如池,故名。

装潢：染纸"表背也"。《通雅·器用》："潢,犹池也,外加缘则内为池,装成卷册,谓之'装潢',即表背也。"

2."装潢设计"的现代形态

17—18世纪,英、法等国家资产阶级革命的胜利,带来了工业革命。18世纪60年代,英国首先进行了一场工业革命；19世纪,法、德、美也相继完成了工业革命（即以手工技术为基础的资本主义工场手工业过渡到采用机器的资本主义工厂制度的过程）。此时工业品猛增,作为工业品的美化手段的现代装潢美术设计也蓬勃发展起来。

由拉斐尔派画家莫里斯开始的"工艺美术运动"首先在英国揭开了设计运动的序幕,随之德国穆特休斯等人组织了"德意志制造联盟",后发展为"包豪斯运动"。法国格罗庇斯等人1919年创立了"公立魏玛包豪斯学校"（简称"包豪斯"）,贯彻学校教育与社会生产相结合的教育方针。到1930年前后,达到当时世界设计运动之巅峰。

包豪斯既是现代美术设计与设计教学的集大成者,又是对后世影响最大的一种美术设计思想体系。它的主要成就是：

（1）使艺术与技术获得新的统一；

（2）提出了"设计的目的是人,而不是产品"（这是对20世纪设计思想最重要的贡献）；

（3）认清了"技术知识可以传授"而"创造能力"只能启发的事实；

（4）为设计现代化指出了正确的方向。

1933年在纳粹的迫害下,包豪斯被迫关闭,它的主要教授先后移居美国,对美国的设计达到国际水平起着决定性作用。

半个世纪以来,现代包装装潢设计已经成为商品销售竞争的重要手段,成为反映社会经济、文化水平的科技形态的一种重要标志。总之,现代人将古代"装潢"的概念引申演变发展为对器物或商品外表的一种具有高文化内涵的装饰,通俗地说就是：装饰物品,使其美观。

四、包装设计的学科关系

数理关系：包装设计始终带着数理思维进行思维,如六面体等分时的循环小数问题、包装容积的计算等。

力学关系：如纸包装容器的力学结构。

材料流变学关系：如制作"神鼓"遇到的"窑变"、涉及的热力学问题。

民俗学关系：如不同国家、不同民族包装图案禁忌。

语言、语音学关系：如"吉刨"的命名与苗语"妖怪"语音相同。

文学关系、文字学关系：如文学底蕴问题、文字与商品包装风格同一问题。

人脑与电脑的关系：没有人脑,电脑只是"废铁"而已。

与政治思想素质的关系：如工作责任心、工作热情程度问题。

与民间工艺美术的关系：如获历届"世界之星"包装奖、"亚洲之星"包装奖的包装作品多运用民间工艺而取胜等。

包装设计作为一门学科具有典型的现代边缘学科的特征。

五、包装的发展历史

和人类的发展一样,包装也经历了一个漫长的发展历程。从刚开始利于携带的功能开始,慢慢地演变成今天集展示、携带、宣传于一体的现代化包装,其中经历了漫长的岁月演变。从大的角度来说,所有用于包裹物品的东西都可以叫作包装;从小的角度来说,用于流通的商品的包装才叫包装。

1. 早期包装

包装的诞生是和生活、生产的需要分不开的,包装是人类智慧的产物。随着产品交换的出现("日中为市,致天下之民,聚天下之货,交易而退,各得其所"——《周易·系辞下》),包装产生了。包装的产生距今至少也有 5000 年的历史了。

在怀化市新建乡原始人的生活遗迹中发现了原始陶器(大约公元前 5000 年)。西安半坡出土文物证实,公元前 4000 多年前人们就采用陶器盛水、储藏粮食了。殷周时期出现货物的囤积现象,出现商人,也带来包装的发展。当时的包装材料有皮革、木材、竹类、陶瓷、玻璃(公元前 2000 多年的古埃及开始生产原始的玻璃,我国造玻璃也有 3000 多年历史了。东汉王充《论衡》中说,方士熔炼五种石块,铸成阳燧,可在日光下取火),以这些材料制作出篓、筐、篮、皮囊、罐、壶及金属等包装容器。

在原始社会(见图 1-36),由于人们对于生产技能的掌握程度极低,所有的包装都来源于自然的粗加工,比如为了保护缝衣的骨针而特意挑选的中空的骨管,为了方便携带而采自大自然的藤条、叶子,为了方便取水加工而成的葫芦瓢。总之,这个阶段的包装主要是自然形成的,可以说是来自大自然的包装。

这种包装由于简单、取材容易,直到现在还有很多应用的地方,比如用贝壳装润肤油、用粽叶包粽子就是这种包装在现代社会的体现。(见图 1-37、图 1-38)

图 1-36　原始社会劳作

图 1-37　润肤油包装(天然贝壳)

人类最初的包装只是为了保护产品,使产品便于储存和携带。在原始社会的初期,人们吃不饱、穿不暖,每天过着茹毛饮血的生活,自然是不需要包装设计的。随着石器时代的到来,捕猎工具得以改进(见图 1-39),原始农业开始出现,人们开始有了剩余的猎物和果实,这时候就有了包装的需要(见图 1-40)。到了新石器时代后期,由于人类的生产力已经得到了极大的发展,这一时期出现了用土烧制的制陶艺术。这种简单易于制造的方式,使得原来依靠自然的模式开始转向自给自足,包装得到了很大的发展。同时由于染料

图 1-38　粽子

的初步发现,在这些陶器上有了初始的美学设计。如今我们看到的原始陶器就是最早的包装形式(见图 1-41、图 1-42)。

图 1-39　石器时代工具

图 1-40　原始社会后期物物交换

图 1-41　原始陶器(一)

图 1-42　原始陶器(二)

　　早期包装的特点是利用各种天然材料,就地取材,保护了大自然的生态环境。现在一些少数民族仍有使用各种木、竹、草、植物叶子等包装物品的习惯。(见图 1-43、图 1-44、图 1-45、图 1-46)

2. 古代包装

到了新石器时代的后期,由于社会分工的出现、冶金技术的发展以及商人的出现,青铜器登上了舞台。这个时期最有代表性的就是装肉用的鼎和喝酒用的酒爵,同时由于商人的出现,出现了真正意义上的包装,"买椟还珠"就是这个时期包装最好的证明。由于青铜兵器的出现,一些简单的漆器已经能生产出来了,这就是故事里面的"椟"。

图 1-43　竹筒酒包装

图 1-44　云南茶包装

图 1-45　竹筒饭

图 1-46　草绳包装材料

(1)由文献资料看古代包装技术概貌。

信阳、长沙出土文物中发现大量木胎漆盒实物,马王堆墓葬中人体和实物保存完整,这些都充分说明当时已有高超的包装防护技术。

《韩非子·外储》记载有"买椟还珠"的挂饰,说的是一个楚国人到郑国去卖珍珠,包装珍珠的盒子设计得十分华丽和讲究,结果,郑国人非常喜欢这个盒子,就买下了包装盒,而把珍珠退还给了楚国人。由此可见当时以生漆为涂料的古制漆盒的包装设计技艺的高超。

我国是世界上最早制造和使用陶瓷包装与储藏食品的国家。

东汉王充《论衡·卷十六·商虫篇》中提到"藏宿麦之种,烈日干暴,投于燥器,则虫不生"的包装储藏粮食之法。

西汉氾胜之提出"麦一石,艾一把,藏以瓦器、竹器"的谷物包装储藏法。

另外,《齐民要术》的"法酒"等章节中,还有"编竹瓮下,罗饼竹上,密泥瓮头""手按令紧实。荷叶闭口……泥封,勿令漏气"的干脆方法等。

这些方法至今民间还在采用,如用坛子、瓮装蔬菜、酸菜,泥封保鲜等。(见图1-47、图1-48)

图1-47　坛子

图1-48　泥封保鲜

我国古代对陶瓷器的运输包装很有研究。例如:从西汉时期就开始运往海外多国大量的陶瓷器具,万里跋涉,器物无损,要求采用高超的包装技术。《万历野获编》(明代出版)中记载:"初买时,每一器纳少土,及豆麦少许,垒数十个,辄牢缚成一体,置之湿地,频洒以水,久之则豆麦生芽,缠绕胶固,试投之荦确之地,不损破者,始以登车。"(见图1-49)

(2)丝绸的应用。

由于我国很早之前就开始养蚕制造丝绸,因而在造纸术之前,绸缎普遍用作包装的材料在古代贵族之间流行。现如今虽然绸缎价格已经非常低,但是在包装行业,它依然是高档的象征。(见图1-50)

图1-49　古代陶瓷包装、运输场面

图1-50　包装里的丝绸

(3)纸张发明使得包装材料、容器又有了科学性的突破。

东汉时期,蔡伦发明了造纸术,使得纸这个在后世大放异彩的包装材料第一次出现在世人面前。纸的发明和铁器冶炼技术的成熟,使得各种各样的以大自然为原材料的精加工包装应运而生,比如出现了用竹子为原材料生产的各种竹篮。这种包装具有一定的技巧性,已经出现了一定的职业模型,竹匠、篾匠等就在

这一时期出现。在这一时期，还出现了非常多的纸包装，只是这个时期的纸在包装方面主要还是从方便使用的角度来应用的，比如装药、包肉，这些我们在电视剧中经常能够看到。（见图1-51、图1-52）

图1-51　蔡伦造纸

图1-52　简易纸包装

早在唐代就有用"纸囊"储藏茶叶"使其不泄香"的记载。据《茶经·四之器》中的记载："纸囊，以剡藤纸白厚者夹缝之，以贮所炙茶，使不泄其香也。"大意是说，纸囊是用又白又厚的剡藤纸缝起来的双层纸袋，用来储藏烤好的茶，使茶香不致散失。（见图1-53）

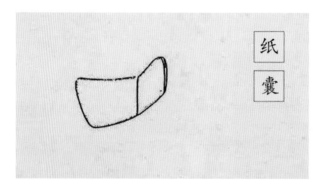

图1-53　纸囊

纸已经成为现代商品包装材料的四大支柱之一。（见图1-54、图1-55）

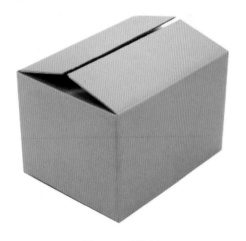

图1-54　硬纸盒

图1-55　糖果包装纸盒

3. 近代包装与包装科学的发展

近代包装设计的发展,只有 100 多年的历史。19 世纪欧洲的产业革命带动了工业的发展,包装材料逐渐向纸、金属、塑料、玻璃等方向转化,包装容器向多样化方向发展,为现代商品包装奠定了坚实的基础,包装科研也由启蒙阶段向不断完善的发展阶段迈进。

玻璃包装最早出现在大约公元前 1500 年。首先将玻璃用作锅,然后将其与熔融的石灰石、苏打水、沙子、硅酸盐混合,并成型为玻璃包装。大约在公元前 1200 年,壶和杯子开始由模制玻璃制成。在腓尼基人于公元前 300 年发明吹管之后,完全透明的玻璃被生产出来。在随后的数千年中,玻璃生产技术得到了改进和扩展。

对玻璃包装影响最大的发展是在 1889 年获得"自动旋转玻璃制造机"的专利。在 20 世纪 70 年代之后,玻璃包装开始用于高价值产品的保护,并且如今已实现广泛使用。

最早的罐头是用玻璃瓶加上软木及铁丝紧紧塞着瓶口而成的(见图 1-56)。1795 年,法国皇帝拿破仑率军征战四方,长时间生活在船上的海员因吃不上新鲜的蔬菜、水果等食品而患病。由于战线太长,大批食品运到前线后已经腐烂变质,他希望解决打仗行军时储粮的问题,于是法国政府用 12 000 法郎的巨额奖金征求一种长期储存食品的方法。

经营蜜饯食品的法国人尼古拉·阿佩尔用全部的精力不断地进行研究和实践,终于找到了一个好办法:把食品装入宽口玻璃瓶,用木塞塞住瓶口,放入蒸锅加热,再将木塞塞紧,并用蜡封口。在 1804—1809 年间,他发表了《密封容器食品储藏法》,提出解热、排气、密封的食品罐藏的基本方法。他由此被称为现代罐头生产的奠基人。

1811 年,美国彼得发明了马口铁。马口铁是表面镀有一层锡的铁皮,它不易生锈,又叫镀锡铁,这种镀层钢板在中国很长时间被称为"马口铁"。1823 年,欧洲开始生产马口铁罐头食品(见图 1-57)。1862 年,法国路易斯·巴斯德阐明了食品腐败变质的主要原因是细菌作用的理论,为罐藏法找到了科学依据。他的巴氏灭菌法被广泛应用,使罐头食品工业飞速发展。到 20 世纪 50 年代,美国研究成功纸、塑料、铝箔的复合薄膜包装,用巴氏灭菌法科学封装,蒸煮袋(软罐头)应运而生,使食品包装科学获得更快的发展。软罐头食品,或称蒸煮袋食品,最早起源于美国,是专为宇航员开发的,是食品包装史上的第二次革新,被称为第二代罐头食品。其加工原理及工艺方法类似刚性罐头,由于包装容器是柔软的,故称为软罐头。(见图 1-58)

图 1-56　早期罐头包装

图 1-57　马口铁罐头包装

1841年,美国生产锡制软管(牙膏、药品包装),后又由锡制改为铝制,使得许多油膏类、胶质类、湿润类的物质包装又向前推进了一步。

1856年,英国希利和艾伦发明了瓦楞纸。瓦楞纸对商品的保护性能有很大的改善。(见图1-59)

图1-58 "软罐头"包装　　　　　　　　　　图1-59 瓦楞纸

在第二次世界大战之后,塑料材料开始在包装应用中普遍使用。在战争年代,聚乙烯大量生产,战后即成为市场上容易找到的材料。最初,它取代了用于面包包装的蜡纸。

20世纪30年代,塑料制品广泛应用于包装。1927年,聚氯乙烯塑料成为商业产品。1930年,聚乙烯塑料问世,逐渐取代了纸、木等材料。1945年,泡沫塑料出现,为缓冲包装提供了优良的材料。1950年环氧树脂的发明,为复合包装的发展创造了更为有利的条件。总之,自20世纪70年代以来,塑料包装的增长加速了。(见图1-60、图1-61)

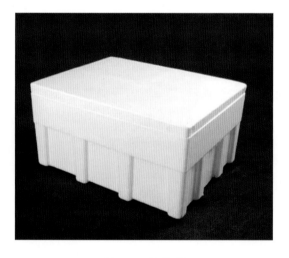

图1-60 塑料包装袋　　　　　　　　　　图1-61 泡沫箱

在当今的技术和条件下,先前的材料逐渐被更经济的材料取代,例如玻璃、马口铁、塑料、纸张和纸板。在先前,包装仅用于运输和存储,但是有了这些新材料,它也开始宣传产品。因此,现在包装已成为营销政策的一部分。这是因为包装在货架上并排放置的同一类型产品之间存在区别。

总之,包装已从以"保护商品"为特点的初级阶段,进入"保护商品,便利流通,方便消费和促进销售"为特点的高级阶段,形成了较完整的体系,成为一门独立的学科。

1968年,在日本东京成立了世界包装组织(WPO,学术团体),美国多所大学都设有包装系,日本也规定了有关包装技术的专门学位。

1980 年,中国包装技术协会(于 2004 年 9 月 2 日正式更名为"中国包装联合会")成立,并设立了包装教育委员会。轻工、外贸、商业、交通等部门相继成立包装研究情报中心。

1981 年,我国成立了中国包装总公司。全国已有十几种包装杂志,专题研究不断涌现,对包装人才的培养也日趋重视。

纵观包装发展史不难发现,包装设计经历了由简到繁,再由繁到简这样一个发展历程,即:简(原始包装)→繁(以小生产、手工制作为主)→简(以大生产、自动化、标准化为主)。如今,包装还具有了保护环境的内涵。但是,现在我国的包装设计的确还存在着"一类产品、二类包装、三类价格"的情形。作为艺术设计专业的学生,为了保护国家的利益,也为了未来能适应工作,应努力学好"包装设计"这门功课。

4. 现代包装设计发展概要

由于社会生产力低,早期的包装其实就是装东西的物品,在产品供不应求的情况下,包装没有严格意义上的现代化标志。直到英国工业革命发生,机器取代人成为生产的主力军,产品得到了极大的充足,包装才作为宣传点第一次登上了历史的舞台。随着技术的不断变革、印刷技术的不断飞跃,包装逐渐摆脱了过去的从属地位,翻身做了主人,正式进入现代社会的舞台。在中国,由于封建社会的闭关政策,直到民国时期包装才得以发展,远远落后于外国。不过经过这么多年来的发展,我国包装行业已经取得了长足的发展,从设计到生产都形成了自己独特的文化。

(1)重信用时期(1870—1920 年)。

工厂和商店为创牌子,树立信誉。

(2)重设计宣传时期(1921—1930 年),即成果时期。

20 世纪初,收音机、电冰箱等产品问世,以美国为首的发达国家运输业发展迅速,普遍重视保护功能及宣传效应,加强了重点商品的宣传,从而进入设计时代。

(3)无声宣战时期(1931—1945 年)。

第二次世界大战后,超市开始在美国出现,POP 即在此时出现(包装与广告相结合),但当时超市还不是现代自选市场。

(4)重视消费时期(1946 年至今)。

全球"买方市场"现象日趋普遍,激发购买欲、满足审美情趣成为包装的功能之一。包装是联系企业和消费者的桥梁,在充满竞争的社会条件下,商品要成为优胜者,在进行包装设计时首先要考虑消费者的需求和利益,一切从消费者出发。

伴随着商品经济的全球化扩展和现代科学技术的高速发展,包装的发展进入全新的现代包装设计阶段。这主要表现有以下几个方面:

(1)新的包装材料、容器和包装技术不断涌现;

(2)包装机械多样化和自动化;

(3)包装印刷技术进一步发展;

(4)包装设计进一步科学化、现代化。

图 1-62 所示为中秋月饼礼盒包装设计,在盒子内部安装了重力感应的装置,即点即亮,还可以把心里话写入白色的月光里,让它发光,而形成的"黑月光"让人忍不住凝望,不禁想和最爱的人一起享受这专注静谧的一刻。这就是现代包装设计现代化和科技化的一种很好的体现。

图 1-62　现代月饼包装

第四节
包装设计的分类和功能

在物质生活如此丰富的当下,各种实体超市、自选卖场以及电商平台数不胜数,商品的种类繁多、形态各异,仅仅是同类型的商品可能就有数十种之多,因此,如何从包装上让消费者区分和购买就变得更加重要。(见图 1-63)

图 1-63　现代超市

一、包装的分类

包装设计的形式具有多样性、复杂性与交叉性,一般情况下包装设计分类不尽相同。包装的分类方式有很多,这里主要介绍以下六种分类方式。

1. 按照包装的内容分类

按照包装的内容分类,包装可以简单归纳为日常用品类、食品类、酒与饮品类、农产品类、化妆品类、医药类、文体类,以及礼品类等。(见图 1-64 至图 1-73)

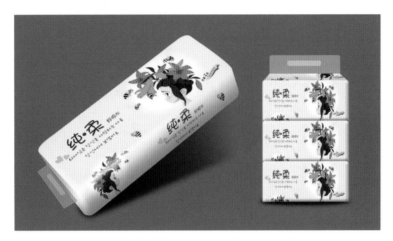

图 1-64　生活用纸包装

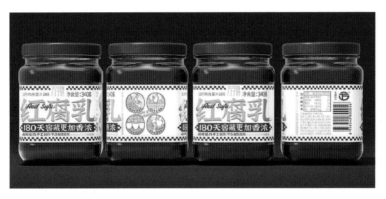

图 1-65　食品包装(一)

图 1-66　食品包装(二)

图 1-67　酒包装(四)

图 1-68　酒包装（五）

图 1-69　农产品包装（四）

图 1-70　化妆品包装

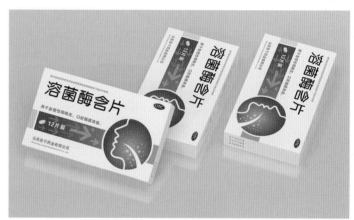

图 1-71　药品包装

图 1-72　彩色铅笔包装

图 1-73　礼品包装（五）

2. 按照产品的性质分类

按照产品的性质分类，包装可以分为销售包装、储运包装和特殊用品的包装。

3. 按照包装的形状分类

按照包装的形状分类,包装可以分为个包装、中包装和大包装。

(1)个包装也称为内包装或小包装,一般是直接接触到产品的包装,主要的材质有玻璃瓶、陶瓷瓶、纸包装袋、复合材料等。个包装在生产中与产品配装成一个整商品。小包装一般具有几个基本要素,如商标、商品性能介绍、商品使用说明、条码、商品出厂日期等,以宣传商品,指导消费,提高商品的商业价值。

(2)中包装是以单个产品包装为一组,形成大于原产品的包装组合,用于为了便于计数而对商品进行组装或者套装,比如常见盒装牛奶的包装、罐装饮料的包装、保健品的包装等(见图1-74、图1-75)。这些包装一般以3个、6个、8个、10个为一组,有的是以12个或者24个为一组。中包装能适应商品流通的需要,其主要目的首先是把合格的产品完好无损地送到消费者手中,既不能采用过分夸张的包装,也不能采用防护能力较差的包装;其次是便于运输、装卸、储存、销售和使用。中包装也要把包装标志说清楚,简明扼要地表达产品的主要性能和特征。应该注意的是,一般来说中包装费用应低于商品售价的3%～6%;商品外空间容积不宜过大,一般不超过20%。另外,中包装还要便于回收、再生利用和处理,以减少环境污染。

图1-74　饮料中包装

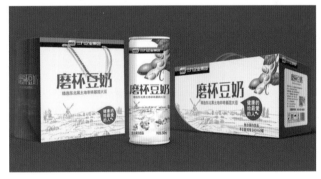

图1-75　豆奶中包装

(3)大包装又称为外包装或集合包装,是指一定数量的商品或产品包装件装入具有一定规格、强度和长期周转用的包装容器内,形成一个更大的运输单元。大包装有三种常见的包装形式:一是集装箱包装,是指一次能装入若干货物的运输包装件、销售包装件或者数量大的散装货物的大型包装容器;二是集装托盘包装,是指把若干件货物集中在一起,堆叠在运载托盘上,构成一件大型货物的包装形式;三是集装袋包装,是指用柔软、可折叠的涂胶布、树脂加工布、交织布以及其他柔性材料制成的大容积包装容器,如谷物、豆类、干货、矿砂、化工产品等的包装。与常规纸袋包装相比,集装袋包装可提高功效十倍以上。

大包装一般旨在保证商品在运输中的安全,便于装卸、储存和计数。大包装上需要标明产品的型号、规格、尺寸、颜色及防火防潮和堆压极限等符号。(见图1-76)

图1-76　大包装

4. 按照包装的材料分类

按照包装的材料分类,包装可以分为纸包装、塑料包装、金属包装、玻璃包装、复合材料包装和天然材料包装。

(1)纸包装材料可分为普通包装纸、专用包装纸、商标包装纸、防油包装纸、防潮包装纸等五种。普通包装纸纸质强韧,可作一般包装用,如牛皮纸、鸡皮纸等;专用包装纸根据用途而命名,不同的专用包装纸性质也各不同,如水果包装纸薄而柔软,感光防护纸颜色黑而不透光;商标包装纸经印刷后作包装用,如糖果包装纸;防油包装纸具有防止油脂渗透的性能,如植物羊皮纸、牛油纸;防潮包装纸具有防潮性,如柏油纸、铝箔纸等。据粗略统计,包装用纸有几十种之多。现代包装材料的四大支柱是纸、塑料、金属、玻璃。其中,纸制品的增长最快,纸和塑料价格较便宜,原料来源广泛,且不像玻璃那样易碎,也不像金属那样重,便于携带。因此,纸和塑料包装在日常生活中应用极广。纸包装具有很多的优点:有优良的缓冲性、100%可回收利用、不利用昂贵的模具、产品开发周期短等。(见图1-77、图1-78)

图 1-77 纸包装(一)

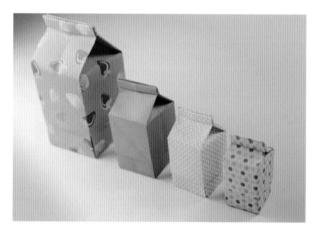

图 1-78 纸包装(二)

纸包装具有很多的优点,但是也有一些不足,比如防水性比较差。纸盒虽然可以覆膜,但是也只能应对少量水的产品。

在韧度方面,纸箱容易被尖锐的物品刺穿,对于棱角尖锐的产品来说不大适合。在承重方面,纸箱承重有限,通常只能承重几千克到十几千克,过于笨重的物品建议采用木箱等其他材料的包装。

(2)塑料包装是指用塑料做成的各类不同结构和造型的包装(见图1-79、图1-80)。塑料是以合成或天然的高分子树脂为主要材料,添加各种助剂后,在一定的温度和压力下具有延展性,冷却后可以固定其形状的一类材料。塑料的主要特性是:

①密度小,比强度高,可以获得较高的包装得率(即单位质量的包装体积或包装面积大小);

②大多数塑料的耐化学性好,有良好的耐酸性、耐碱性,耐各类有机溶剂,长期放置不发生氧化;

③成型容易,所需成型能耗低于钢铁等金属材料;

④具有良好的透明性、易着色性;

⑤具有较高的强度,单位质量的强度性能好,耐冲击,易改性;

⑥加工成本低;

⑦绝缘性优。

图 1-79　塑料包装（一）

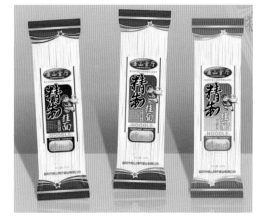

图 1-80　塑料包装（二）

（3）玻璃的基本原料是石英砂、纯碱和石灰石。它的特点是具有高度的透明性、不渗透性和耐腐蚀性，无毒无味，化学性能稳定，生产成本较低等，可制成各种形状和色彩的透明和半透明的容器，如图 1-81、图 1-82 所示。另外，在普通玻璃中添加着色剂就形成了有色玻璃。有色玻璃能够吸收太阳可见光，减弱太阳光的强度，为需要避光保存的商品提供保护。目前越来越多的装饰倾向于玻璃包装，除酒瓶之外，对于饮料，玻璃包装材料具有多方面的优点：

图 1-81　玻璃包装（一）

图 1-82　玻璃包装（二）

①玻璃包装材料具有良好的阻隔性能，可以很好地阻止氧气等气体对内装物的侵袭，同时可以阻止内装物的可挥发性成分向大气中挥发；

②玻璃包装材料可以反复多次使用，可以降低包装成本；

③玻璃包装材料能够较容易地进行颜色和透明度的改变；

④玻璃包装材料安全卫生，有良好的耐腐蚀能力，尤其是耐酸蚀能力，适合进行酸性物质（如果蔬汁饮料等）的包装。

此外，由于玻璃包装材料适合用于自动灌装生产线的生产，国内的玻璃瓶自动灌装技术和设备发展也较成熟，采用玻璃瓶包装果蔬汁饮料在国内有一定的生产优势。

玻璃的应用较为广泛，可用来制作油、酒类、食品、饮料、果酱类、化妆品、调味品、医药产品的包装。

(4)金属是传统的包装材料之一,广泛应用于工业产品包装、运输包装和销售包装,在包装材料中占有重要的地位。金属包装是指采用金属薄板,针对不同用途制作的各种不同形式的薄壁包装容器,是中国包装业的重要组成部分,如图1-83、图1-84所示。金属包装材料具有优良的综合性能,且资源丰富、回收处理方便、污染极少,所以至今金属包装仍然保持着生命力。与其他包装材料相比,金属包装材料能够长时间保证被包装物的相对安全与质量。金属能保证被包装物质量的根本原因是金属具有较高的稳定性,而稳定性对物品的储存,乃至物流领域有着十分重要的影响。同时,金属包装具有相对较高的强度和一定的刚度,可以叠加很高,加强物品的柜台展示效果;在物流过程中金属包装不易损坏,因此一般不再需要额外的外层包装对其进行二次加固。金属材料的另一个特点是使用性能好。金属包装的开启失败率仅有百万分之一,在可靠性方面与其他材料包装的开启成功率相比较,具有十分明显的优势。另外,金属包装的使用效率也非常高,金属罐饮料的灌装速度可以达到其他包装材料的数倍,大大提高了灌装的效率。

金属的水蒸气透过率很低,完全不透光,能有效地避免紫外线的有害影响。它的阻气性、防潮性、遮光性和保香性大大超过了塑料、纸等其他类型的包装材料。因此,金属包装能长时间保持商品的质量,使商品的货架寿命长达3年之久,这对于食品来说尤为重要。在现在这样一个快节奏的时代,金属包装给人们提供了很大的便利。金属包装容器因为具有不易破损和便于携带的特点,在生活中受到广泛的欢迎。

图1-83 金属包装(一)

图1-84 金属包装(二)

(5)复合材料是指两种或两种以上材料,经过一次或多次复合工艺而组合在一起,从而构成的具有一定功能的材料。它一般可分为基层、功能层和热封层。基层主要具有美观、印刷、阻湿等作用。功能层主要具有阻隔、避光等作用。热封层与包装物品直接接触,具有适应性、耐渗透性、良好的热封性,以及透明性等性能。近几年来,复合材料包装在世界范围内得到广泛重视和迅速发展。(见图1-85)

图1-85 复合材料包装

由于复合材料所牵涉的原材料种类较多,性质各异,涉及哪些材料可以结合或不能结合、用什么东西黏合等,问题比较多而复杂,因此必须精心选择复合材料用于包装,方能获得理想的效果。

选择用于包装的复合材料的原则是:

①明确包装的对象和要求;

②选用合适的包装原材料和加工方法;

③采用恰当的黏合剂或层合原料。

(6)天然材料包装是指动物的皮、毛或植物的叶、茎、杆、纤维等,可直接用作包装材料,或经过简单加工成板、片后用作包装材料。

①竹类。常用作包装材料的竹子有毛竹、水竹、苦竹、慈竹、麻竹等。竹子质地坚硬、耐冲击、耐腐蚀、抗摩擦、密度小,具有良好的物理性能和力学性能,并且易种植,生产速度快,产量高,绿色环保,主要用于编制板材和各种包装容器,如竹筐、竹箱、竹筒等。(见图1-86)

②木材。木材用作包装材料具有悠久的历史。木材资源丰富,具有抗冲击、振动,易加工,价格经济等优点,但木材易受环境和温湿度的影响而导致变形、开裂,易腐朽、易燃、易受虫害。不过这些缺点通过适当的处理可以减轻或消除。木材常用于易碎及易受碰撞损坏的商品的运输包装。(见图1-87)

③藤材类。藤材类包装材料主要有柳条、桑条、槐条、荆条等野生植物藤类。藤材类材料的弹力较大,韧性好,拉力强,耐冲击,耐摩擦,耐气候变化,可用于编织各种筐、篓等包装,如图1-88所示。这种包装给人以自然清新之感。

图 1-86　竹筐

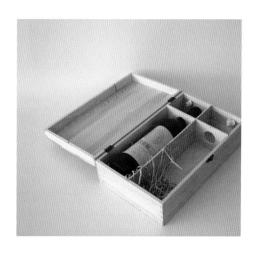

图 1-87　木盒

图 1-88　柳条筐

④草类。草类包装材料主要包括水草、蒲草、稻草等,常用于编织席、包、草袋等。草类质量轻且柔软,常充当缓冲包装材料,且价格低廉,是较常见的一次性包装材料。

5. 按照包装的技术分类

按照包装的技术分类,包装一般分为防火包装、防锈包装、防振(或称缓冲)包装、压缩包装、防潮包装、真空包装、无菌包装,等等。(见图1-89、图1-90)

图 1-89　防火包装

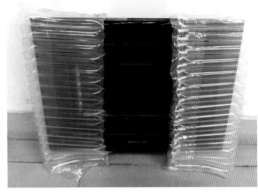

图 1-90　缓冲包装

6. 按照包装设计的风格分类

按照包装设计的风格分类,包装可以分为传统包装、怀旧包装和现代风格包装,如图 1-91 至图 1-94 所示。风格化的包装使品牌形象得以确立,使品牌个性得以彰显,成为塑造品牌的主要手段和重要的组成要素。

图 1-91　传统包装(一)

图 1-92　传统包装(二)

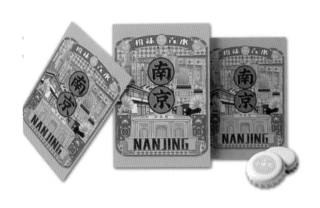

图 1-93　怀旧包装(一)

图 1-94　怀旧包装(二)

二、包装的功能

包装的确很重要,那么,对于商品来说,包装有哪些功能呢?

1. 无声的卫士——保护

包装的第一个功能是保护功能,主要是为了保护商品的安全,这是包装最基本的功能,所以包装又被称为商品的"无声的卫士",但是我们不能简单地理解成给商品一个防止外力入侵的外壳,实际上保护商品的意义是多方面的:

(1)包装要防止商品物理性的损坏,如防冲击、防振动、耐压等,以及各种化学性及其他方式的损坏。如图 1-95、图 1-96 所示,易碎品鸡蛋的包装能很好地保护鸡蛋;啤酒瓶的深色可以保护啤酒少受光线的照射,不变质。还有各种复合膜的包装,可以在防潮、防光线辐射等几方面同时发挥作用。

图 1-95　鸡蛋包装

图 1-96　啤酒包装

(2)包装不仅要防止由外到内的损伤,也要防止由内到外产生的破坏,尤其是一些化学品的包装(见图 1-97),如果达不到要求而导致化学品渗漏,就会对环境造成破坏。

(3)包装对商品的保护还有一个时间的问题,有的包装需要为商品提供长时间如几十年不变的保护,如红酒包装(见图 1-98)。

图 1-97　化学品包装

图 1-98　红酒包装

2. 无声的助手——便利

包装的第二个功能是便利功能。从消费者的角度来看,包装商品应方便携带、方便开启、方便使用、方便保存、方便回收处理及无污染,包装就像是商品的"无声的助手",如有的包装运用简单便捷的方式设计制作,容易销毁,比如针对零售市场的简易便携式水果包装(见图1-99、图1-100)、鸡蛋包装、传统糕点包装等。作为体形偏大、表面圆滑的大众水果,西瓜便利化的简易包装,带有把手设计,方便消费者携带,而且包装结构巧妙,易于成型和便于回收。

图1-99　便携式水果包装(一)　　　　图1-100　便携式水果包装(二)

从企业和销售部门的角度看,包装材料要易于成型,包装商品要易于集装运输、方便陈列销售等。这些都与包装材料的选择和运用、包装物的结构、容器造型设计的科学性密切相关。

具体表现为:

(1)时间的方便性:科学的包装能为人们节约宝贵的时间,比如各类易拉罐、易开盒子的包装等。(见图1-101、图1-102)

图1-101　易拉罐包装　　　　　　　　图1-102　易开盒包装

(2)空间的方便性：包装的空间方便性对降低流通费用至关重要。商品种类多、周转快的超市十分重视货架的利用率，因而更加讲究包装的空间方便性。规格标准化包装、挂式包装、大型组合产品拆卸分装等都能比较合理地利用物流空间。（见图1-103、图1-104）

(3)省力方便性：按照人体工程学原理，结合实践经验设计的合理包装，能够节省人的体力，使人产生对一种现代生活的享乐感。如图1-105所示的水果包装，采用对称均衡的结构设计，方便人在使用时节省体力。

图 1-103　展示包装

图 1-104　挂式包装

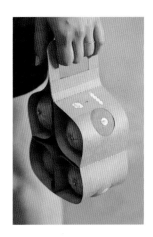

图 1-105　省力包装

3. 无声的推销员——促销

包装的第三个功能是促销功能，这是包装最主要的功能之一。在超市中，商品云集在货架上，不同厂家的商品只有依靠包装来展现自己的特色，这些包装都以精巧的造型、醒目的商标、得体的文字和明快的色彩等艺术语言来宣传商品，所以包装又被称为商品的"无声的推销员"。（见图1-106、图1-107）

图 1-106　"褚橙"包装

图 1-107　茉莉花茶包装

包装的形象不仅体现出生产企业的性质与经营特点，而且体现出商品的内在品质。包装设计能够满足不同消费者心理与生理的需求。

总之，就概论而言，还有许多内容可以讲，但受课时所限，暂止于此。本章的目的是让同学们对包装有一个概略的了解，以便于进一步学习"包装设计"这门课程的重点内容。

拓展资源

Baozhuang Sheji

第二章
休闲食品包装设计

> **教学目标**

通过对本章的学习,对休闲食品包装设计的现状有基本的认知,了解休闲食品包装设计的视觉要素、系列与通用包装,掌握休闲食品包装设计的一般流程和效果图制作方式。

> **教学重点**

本章节重点是要求学习者充分了解休闲食品包装设计的视觉要素、系列与通用包装,使学习者掌握休闲食品包装设计的一般流程和效果图制作方式。

> **实训课题**

实训二:

通过各种渠道(实际案例、网络、图书馆等)收集图片或照片资料,分析休闲食品包装设计的特点,并设计出一款休闲食品包装。

第一节
休闲食品的发展现状

休闲食品(leisure food)是快速消费品的一种,是人们在休闲、娱乐时所吃的食品。随着大众收入的增长和消费观念的转变,对休闲食品的口味、功能需求的多样化和差异化,促使大众对日常休闲食品的支出逐年显著增长,推动着休闲食品行业快速发展。(见图 2-1)

图 2-1　休闲食品

伴随着消费升级和食品工业的完善,我国休闲食品行业企业数量逐年增加,产能不断提高。据国家统计局 2011 年数据显示,我国休闲食品行业大中型企业数量达到四千多家,实现销售额六千亿元。

一、休闲食品的种类

在休闲食品行业规模增长的同时,休闲食品的种类越来越丰富。按照原材料和加工方式不同,休闲食品一般可分为以下四种类型:

干果类:包括花生、瓜子、松子、杏仁、开心果等。

膨化饼干类:包括虾条、薯片、饼干等。

糖果类:包括果冻、果脯、话梅、奶糖、巧克力等。

肉干类:包括鱼片、肉松、牛肉干、猪肉干等。

随着人们生活水平的不断提高,以往以温饱型为主体的休闲食品消费格局,逐渐转向风味型、营养型、功能型的方向。未来,低热量、低脂肪、低糖的休闲食品将成为主流。

二、休闲食品的品牌

对于休闲食品的销售,线下仍然是主体,占据70%的市场份额,但是随着后疫情时代的到来,线上电商的销售渠道将会有较大的拓展空间。

经过多年的商业竞争,涌现出一些知名的休闲食品品牌,如国内的三只松鼠、洽洽、来伊份、良品铺子、百草味、卫龙、大白兔、旺旺,进口的德芙、不二家、费列罗、好丽友、格力高等。

三、休闲食品包装

包装具有保护商品、促进销售和宣传的作用。

1. 从包装的功能性角度看

食品是一种特殊的商品,要求其包装除了能够在食品流通过程中起到保护作用外,还应确保食品的食用安全,保持食品原有的品质。延长食品的保存期也是至关重要的。所以休闲食品包装一般都应该具有防潮防水、防霉保鲜、真空无菌、充气脱氧等功能。无毒塑料和纸是休闲食品包装中采用较多的材料。袋装、盒装和桶装是休闲食品较常见的包装形态。

2. 从包装的审美性角度看

休闲食品包装的精美度对消费者的购买欲望与购买行为都有着显著的影响。图像、图形、文字、色彩、排版、肌理和包装的结构形态是休闲食品包装设计中常见的设计要素。包装是休闲食品信息的传递载体,对消费者认识商品、产生购买欲、获得审美体验发挥着重要的作用。(见图2-2)

图 2-2　休闲食品的包装

第二节
休闲食品包装的视觉设计要素

对于休闲食品包装的设计,除了要考虑流通运输和食品安全这些功能性的因素之外,还要考虑包装的表面形态。包装表面形态的视觉审美设计是我们这一章主要学习和研究的内容。

通过设计,让休闲食品包装具有吸引人的视觉美感,对于促进商品的销售、增强竞争力、树立良好的品牌形象都有至关重要的作用。

休闲食品包装作为包装设计的一个分支,和其他视觉传达设计类型一样,无论画面多么复杂,究其根本,无外乎由一些重要的视觉设计要素构成:文字、图像、图形、色彩、排版、材质肌理、形态、结构。

一、文字

休闲食品包装中出现的文字,一般分为两种类型:标题类文字和说明类文字。

1. 标题类文字

标题类文字一般是商品的名称,以及一些副标题和宣传口号。这类文字一般所占面积较大而且醒目,多在包装的正面,在包装设计中往往具有重要意义。

在获得版权许可的前提下,我们可以选用现成的字库字体,作为标题字体和宣传口号的文字字体。但是,很多的时候,为了让包装的标题字体风格更明显,更贴近商品的定位,更有特点,我们需要对这部分的字体进行原创,设计出全新的创意字体。(见图 2-3)

2. 说明类文字

商品背面一般会印有大量的文字说明,如营养成分、配料、保存方法等。这类的文字选用合适的字库字体即可。(见图 2-4)

图 2-3　包装中的标题类文字

图 2-4　包装中的标题类文字和说明类文字

二、图像和图形

商品包装画面的视觉要素,除了文字之外,还有图像和图形。

1. 图像

休闲食品包装上很多时候会出现包装内商品的实物照片,这些照片有的可能来自图库网站,有的是专门为包装设计拍摄的实物照片。对这些照片进行处理,使它们能够很好地和文字排列组合在一起,组成合适的画面,突显商品独特的视觉风格。(见图 2-5)

2. 图形

因为包装商品的设计风格定位不同、客户群体不同,所以很多时候,包装画面上并不直接了当地出现商品实物的照片,而是采用由设计师画出来的图形。图形没有图像的限制大,设计师可以根据需要,绘制出各种风格、形状的图形。很多时候图形的表现力、针对性、感染力、传达准确性、艺术性都要强于图像。(见图 2-6)

图 2-5　包装使用实物照片

图 2-6　包装使用图形画面

三、色彩

色彩是食品包装设计中的一个重要视觉要素。使用得当的包装色彩会吸引消费者的注意力,促进购买行为。消费者在超市里选购商品,面对众多的商品,能瞬间产生深刻印象的,往往是那些具有鲜明个性的色彩包装的商品。特别的色彩和色彩组合,会给消费者留下深刻的品牌印象。

例如洽洽香瓜子,浅咖啡色和大面积的中国红以及黑色(文字)是非常成功的色彩搭配案例。(见图 2-7)

包装上的色彩不是越艳丽越好,不同的色彩对人们产生的心理和生理作用是不同的,不同的商品也有不同的特性,而包装设计本身就特别在乎色彩运用的品位,在乎色彩整体的配置。色彩之间的配置能产生各种不同的格调、情趣,反映各种不同商品的特色,每一种都有其针对性,且随着人们对色彩的深入研究,色彩的格调越来越微妙多样。对于包装色彩的运用应恰到好处,以形成特殊的、充满艺术气息的和谐效果。(见图2-8)

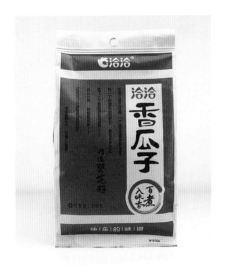

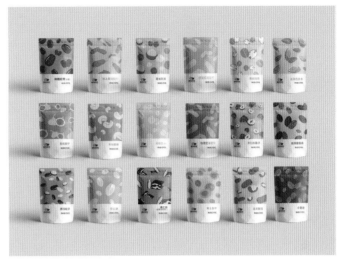

图 2-7　洽洽香瓜子包装的色彩运用　　　　　图 2-8　包装中的色彩运用

四、排版

确定了文字、图像、图形和色彩这些视觉要素,还需要遵循合理的排列关系才能达到统一而有力的画面效果,这种排列关系就是排版。

就像在足球比赛中,即使在每个位置上都有世界级球星,没有一个好的教练去控制全盘,也很难赢得比赛。不仅仅是对于休闲食品包装,对于整个视觉传达设计中每一种设计类型,排版都有至关重要的决定性作用。排版通过精心地调控每一个视觉要素的大小、距离、位置、视觉强弱、主次关系、视觉流程和视觉动线,最终实现整个和整套的包装设计的视觉诉求。

1. 视觉层次与主次关系

设计师往往通过大小、距离、位置、方向和色彩的视觉强弱这些可控可变的视觉参数去划分、把控整个画面,乃至整个包装各个面的视觉主次关系。

重点突出的产品名称、商品重要卖点的标语和画面图像或图形主题形象,在视觉上一定是最突出的;其他点缀和烘托画面氛围的视觉因素应该严格把控在第二个视觉层次关系上;最后才是画面的背景。控制不好画面的视觉层次关系,每个视觉部分都想出位,既会造成画面重点不突出,使主要的视觉传达诉求无法实现,也会让画面凌乱不堪。优秀的设计师对于画面细节的控制精度是 1 像素,多一点嫌多,少一点嫌少。即使是没有经过太多加工和创意的视觉要素,经过排版大师的精妙控制,也能产生不错的画面效果。(见图2-9)

2. 视觉流程

引导用户的视觉观看顺序,第一眼看哪儿,第二眼看哪儿,哪里多看一会儿,哪里少看一会儿,可以通过

图 2-9　视觉层次与主次关系

排版形成的视觉流程来实现。

　　设计心理学一般认为,人们的视觉流程简单地说是"从上到下""从左至右",上方和左方易受重视。我们阅读画面时,通常是首先通观整个画面,然后视线停留在某一感兴趣的视觉中心点上。画面中视觉对比强的地方容易成为视觉中心。

　　现实中的包装不是一个单一的平面,它是由不同的面组成的多面体。商品的展示方式造成商品和消费者相遇时,必然只有正面的画面是有效视觉画面,所以包装的正面必然是整个包装的设计重点。在成套的休闲食品包装中,留存于消费者视觉范围内最持久的往往是中包装。(见图 2-10)

图 2-10　包装中的多维画面

五、材质肌理

　　出于食品包装的功能性和加工物料成本等多方面的考虑,塑料和纸张是休闲食品包装中采用较多的材料。另外,采用不同的原材料、加工工艺与印刷工艺在最终的视觉效果和肌理触感上会形成很大的差别。(见图 2-11)

1. 塑料

　　塑料是以高分子化合物(如树脂)为基本成分,再加入添加剂,以改善性能而形成的材料。这种高分子

图 2-11　休闲食品包装多采用塑料和纸张

材料具有很多特殊性能,如化学惰性、难溶性、强韧性等。塑料用作包装材料是现代包装技术发展的重要标志。塑料由于来源于石油炼制,原料丰富、成本低廉、性能优良,逐步取代纸、金属、玻璃等传统材料,广泛应用于食品包装。塑料用作包装材料的缺点是塑料包装废弃物的回收处理会对环境造成污染等问题。

食品包装是我国包装业的支柱产业。根据世界包装组织提供的数据显示,目前在全球范围内应用的食品包装材料中,前四位包装材料是纸、塑料、金属、玻璃,这四者的营业额之和占食品包装业营业额的90%左右。

常见的塑料包装材料可以细分为以下几种类型:

PE:聚乙烯,具有防潮、抗氧、耐酸、耐碱、无毒、无味、无臭等特性,是世界上公认较优秀的接触类食品材料。

PO:聚烯烃,不透明,脆,无毒。

PP:聚丙烯,无毒,无味,表面光洁透明,采用彩印、胶印工艺,色泽鲜艳,具有可拉伸性。

OPP:定向聚丙烯,易燃,熔融滴落,透明度高,较脆,密封性好,防伪性强。

PPE:PE 与 PP 的结合物,具有防尘、防菌、防潮、防氧化、耐高温、耐低温、耐油、无毒无味、高透明度、机械性能强、抗爆破性能高、抗穿刺抗撕裂性能强等特点。

EVA:聚乙烯拉力线性料,具有透明度好、隔氧、防潮、印刷鲜艳、袋身光亮、耐臭氧、阻燃等特性。

PVC:聚氯乙烯,可磨砂、透明、无毒、美观,高档。

从包装的材料角度来看,无毒塑料是休闲食品包装中采用最多的材料。

(1)成本低。

因为休闲食品属于快消品,消费者在快速食用后,包装作为一次性的保护介质,都会被丢弃,所以没有必要采用其他成本更高的包装材料。个别高档或进口休闲食品,如巧克力、曲奇等,会采用纸质礼盒或金属外包装。其一是因为品牌定位高端,价格高,适合作为礼品,有采用更高成本包装原料的价格空间;其二是因为这类食品在短时间内无法一次性食用完毕,包装留存的时间较长,所以相对来说可以选用成本更高的包装材料。(见图 2-12)

图 2-12 金属礼盒

（2）防护效果好。

休闲食品包装应具有防潮防水、防霉保鲜、真空无菌、充气脱氧等功能，塑料在这方面具有生产加工的先天优势。有些休闲食品表面采用纸质包装，内壁都会有聚乙烯镀膜塑料涂层，就是为了起到防潮防水的作用。

2. 纸张

纸张的原始材料是木材、竹等可再生的植物。废弃的纸包装可以造肥，几个月就可在阳光、湿气、氧气中分解成水、二氧化碳和无机物。常见的纸张类型如下：

铜版纸：黏着力大，防水性强，适用于多色套版印刷；印后色彩鲜艳，层次变化丰富，图形清晰；适用于印刷礼品盒和出口产品的包装。

胶版纸：白度、紧密度、光滑度均低于铜版纸；适用于单色凸印与胶印印刷，适合作为衬垫使用。

卡纸：纸质坚挺，洁白平滑，富有光泽；一般用于礼品盒等高档产品的包装。

牛皮纸：纸张本身灰灰的色彩赋予它朴实憨厚感，因此只要印上一套色，就能表现出它的内在魅力；价格低廉，经济实惠。

特种艺术纸：一种带有各种凹凸花纹肌理、色彩丰富的艺术纸张；加工特殊、价格昂贵，因为表面有纹理，所以油墨附着力差，不适合用于大面积的彩色套印。使用特种艺术纸的包装设计，多会利用纸张本身固有的色彩和肌理效果。特种艺术纸一般用于高档的礼品包装。

再生纸：绿色环保，纸质疏松，初看像牛皮纸，价格低廉。

玻璃纸：很薄，但有一定的抗张性和印刷适应性，透明度强，富有光泽；用于直接包裹商品或者包在彩色盒的外面，可以起到装饰、防尘作用。玻璃纸与塑料薄膜、铝箔复合，成为具有三种材料特性的新型包装材料。

油封纸：可用在包装的内层，对易受潮变质的商品具有一定的防潮、防锈作用；常用作糖果饼干外盒的外层保护纸。

铝箔纸：用作高档产品包装的内衬纸，可以通过凹凸印刷，产生凹凸花纹，增加立体感和富丽感，能起到防潮作用。它还具有特殊的防止紫外线的保护作用，耐高温，保护商品原味和阻气效果好，可延长商品的寿命。

瓦楞纸：通过瓦楞机对纸张进行热压处理，形成凹凸瓦楞形结构，再单面或双面裱上牛皮纸或马粪纸，形成瓦楞纸。因为纸张夹有中空的凹凸瓦楞形结构，瓦楞纸具有坚固、轻巧、载重、耐压、防振、防潮的作用，广泛用作运输包装。

纸质食品包装与塑料食品包装的区别在于：纸张的原材料多是木材等生物材料，容易循环使用和自然降解,非常环保;塑料成本低,企业多,生产化程度高,价格便宜,同时塑料食品包装在防潮性、抗张强度、延伸性方面都好过纸质食品包装。(见图 2-13、图 2-14、图 2-15)

随着科技的进步,未来完全环保、能达到 100％回收再利用的新型塑料或许可以取代纸质包装材料。

图 2-13　牛皮纸包装

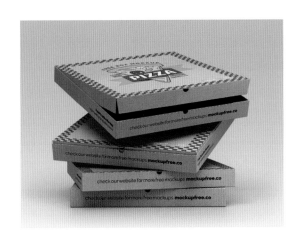

图 2-14　瓦楞纸包装

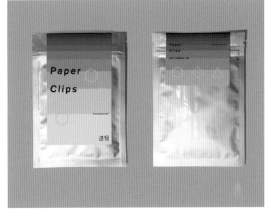

图 2-15　铝箔包装

3. 肌理

包装中的肌理包括视觉肌理和触觉肌理。所谓肌理,是指由造型材料的表面组织结构、形态和纹理等形成的一种表面材质效果。不同的视觉设计、不同的原材料和不同的印刷工艺会使得包装设计的表面呈现出不同的肌理感觉。

在包装设计中,运用不同肌理给人带来的视觉和触觉的不同感受来打动消费者,使其对包装中的商品产生恰当的联想和情感共鸣,对进一步刺激其购买欲望有着极大的推动作用。

在视觉肌理层面,包装画面图像本身拍摄的效果和角度会形成肌理效果。图形的表现方式(如拓印、粘

贴、剪刻、贴压、喷溅、晕染等)也会形成丰富的视觉肌理效果。甚至文字、图像、图形不同的排版方式(如疏密、大小、方向不同)也都会形成视觉肌理效果。烫箔、凹凸压印、UV、模切镂空这些特种印刷工艺效果在高档包装中也会被广泛采用,它们所体现的特殊视觉肌理效果突显出商品的档次定位和品牌调性。(见图 2-16、图 2-17、图 2-18、图 2-19)

图 2-16　图形视觉肌理

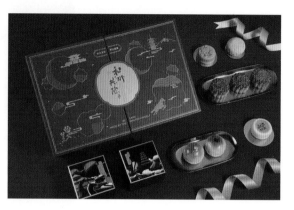

图 2-17　烫箔印刷肌理

图 2-18　硬塑料的质感肌理

图 2-19·稻壳的肌理

　　从触觉肌理角度来看,在包装设计中,设计师对材料的理解和选择是设计的重要内容。纸张的阻尼感、塑料的闪亮、金属的冷漠坚硬、玻璃的光滑……设计师利用不同触觉肌理的独特性和差异性,配合不同的印刷工艺手法,使得包装在消费者面前呈现出不同材质本身富有的个性魅力、美感,甚至还能使人们产生更广阔的联想,加深人们的情感体验。如在一些土特产的包装设计中,设计师往往运用竹子、麦秆、玉米皮、棉布、陶器等材料作包装材料,营造出扑面而来的乡土、自然气息。

　　触觉肌理设计在商品包装中除了满足审美需求外,还有功能上的作用。例如,星巴克咖啡杯上有一圈瓦楞纸的结构,其目的在于利用瓦楞纸的凹凸肌理起到隔热和增加手部摩擦的作用,使消费者拿握更方便、舒适。

六、形态、结构

　　包装形态、结构的多样性既是功能性的需要,也是塑造视觉独特感的重要因素。袋装、罐装和盒装是休闲食品最常见的包装形态。(见图 2-20)

　　大部分的干果类休闲食品,本身较为坚硬,不易变形和碎裂,直接用袋装即可。

　　罐装包装不易变形,能够更好地保护食物,适合包装容易破碎的食品。同类食品,有的品牌会用罐装来包装大分量的品类。

图 2-20　常见的休闲食品包装形态

　　盒装食品内部一般装有更多的袋装分食小包装。盒装外包装采用纸作为包装材料，以取得美观的外形；内部用塑料小包装获得保鲜的作用。

　　方形袋装、圆柱形罐装、方形盒装这些普通常见的包装结构造型，因为工业化的批量生产，所以成本相对较低。如果想给商品赋予独特的包装结构造型，从包装设计到包装材料的加工生产都需要投入更多的成本。（见图 2-21、图 2-22、图 2-23、图 2-24、图 2-25、图 2-26）

图 2-21　口袋装果冻糖

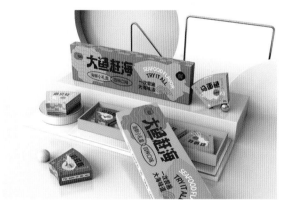

图 2-22　扇形海鲜零食

图 2-23　杯装的蛋黄酥

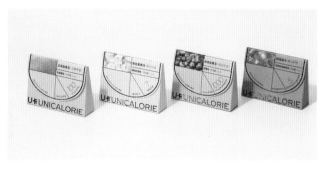

图 2-24　三角形（侧面）的果冻包装

图 2-25　拉开式的盒装月饼　　　　　　　图 2-26 简单的快消品六制酥包装

从功能性角度看,我们在设计包装的时候,对于形态、结构的思考应该注重以下几点:

1. 便于储存和运输

设计造型时,要结构牢固,具有较好的耐冲击和抗压性能,不易被外力击破压坏,保证商品安全运输。不规则造型的内包装放置在中包装内时,最好组合排列成方形,这样装箱时不会产生空隙,可以充分利用运输包装内的空间,方便运输储存,节约运输成本。

2. 便于陈列和展示

(1)方便堆叠。超市货架上的货位,往往要把同类产品堆叠起来展销,这样做既节约了空间,也由于堆叠使大量产品产生了更大的视觉冲击力。一般在盒形、罐形包装的上部与底部设计一定的结构,使容器底部与上部相吻合,方便上下堆放。

(2)方便悬挂。利用商场、超市货架的空间特点,对于一些自重不大的袋装商品,在其上部设计孔洞,方便悬挂。

3. 便于消费者使用

(1)方便携带。休闲食品长、宽、高的比例要合适,以便于消费者携带。体积大的包装可以增加手提的结构。

(2)方便开启。密封结构的包装,不论是什么材质的容器,都要注意设计方便消费者打开包装的结构。

科学、合理的包装结构,不仅要能满足功能性上保护商品、便利储运、方便开启、方便携带、利于销售以及使用舒适等要求,而且要通过自身独特、新颖的创新,来体现和展示一种结构美,从而突出该包装的与众不同。

当我们首次与某一商品接触时,包装的形态、结构所具有的个性,往往比包装画面更能产生强烈的视觉冲击,进而给我们留下深刻的印象,对于增强产品的竞争力有很好的效果。然而通过观察众多的产品包装不难发现,设计师多在外表装潢上下功夫,注重丰富多彩的画面、精美的印刷,而外观造型与结构没有多大的变化。这就造成了同种产品包装的形态、结构模式化、雷同化,不同种类产品包装的形态、结构缺乏个性和情趣,整体上给人以单调、保守的感觉。

随着现代社会物质生活条件的改善，人们的审美观、价值观都发生了很大的变化。在追求多元化、个性化的今天，在包装形态、结构上进行创新性设计，将是今后很长一段时间里包装设计师们的重点努力方向。

需要注意的是，商品的形态、结构的创新不能一味地追求奇特，特殊的形态和结构应该来源于商品背后的情感和文化定位。

当然追求特殊的产品形态和结构意味着更高的成本，一款休闲食品采用何种形态和结构还要综合来看。品牌定位、商品定价、食物食材本身的特性、食用的周期等因素都会影响形态和结构的选择。

第三节
休闲食品包装设计的一般流程

在整体概念上，我们了解了众多的视觉设计要素，下面通过更具体的设计流程来讲解休闲食品包装的设计。

休闲食品包装设计的流程一般分为三步：市场定位，确定材料、形态、结构，确定画面。

一、市场定位

在市场分化的今天，任何一种产品的目标顾客都不可能是所有的人，选择目标顾客时，需要对整体市场进行细分，对细分后的市场进行评估，最终确定所选择的目标市场。

设计师在了解社会、行业、企业、商品和消费者的前提下，最终通过包装的形态、结构、文字、图形和色彩来体现设计定位。

1. 品牌定位

品牌定位体现在两个层面。第一个层面是定位企业品牌整体面向的客户群，即是定位高端还是定位低端。（见图2-27、图2-28）

图 2-27   面向年轻人的时尚酥糖包装

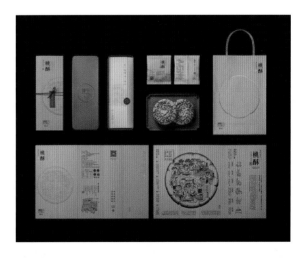

图 2-28   豪华高端的桃酥包装

就像手表行业,有劳力士这样的高端品牌,也有亲民的国牌罗西尼。高端品牌的商品定价偏高,它的包装必然在各个方面都要投入更多的成本:一方面,这是体现品牌形象的要求;另一方面,商品价格反向制约了高端品牌的包装必然更出众。

在休闲食品行业,食品原料的价值可能差距不大,但是由于不同的市场定位和品牌调性,商品的价格和包装的外在形象会有不小的差距。想更加亲民、薄利多销,就压缩成本,尽量避免不必要的包装成本。高端品牌的商品必然会在包装设计环节投入更多的精力和成本,用包装去增加产品的附加值,提高产品的价格和利润空间。定位高,定价高,就需要花费更多的心思进行包装设计、选用更好的包装材料和更独特的包装结构,以吻合品牌和商品的高端形象。

第二个层面是怎样在包装中延续品牌形象。

(1)突出品牌的形象色。

可以把品牌形象中的主要色彩作为包装的色彩,以明确的色彩特征让消费者记住。比如,周黑鸭的品牌形象色是黄色,它的包装也以明亮的黄色为主色调,黄色成为消费者辨别周黑鸭品牌的重要因素。再比如可口可乐的红色,已成为可口可乐品牌很重要的识别元素。除了常规的饮料产品外,可口可乐跨界合作的各种产品也离不开它的品牌形象色红色。(见图2-29)

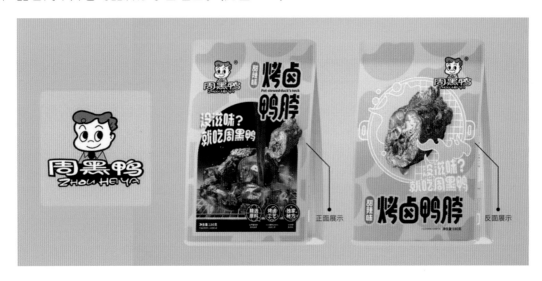

图2-29 周黑鸭品牌中的黄色

(2)突出品牌的字体。

一个品牌的视觉形象,一般都会有标准的字体。当下很多大型的互联网公司都有自己整套的字库字体,如腾讯、阿里巴巴、京东、小米。企业展现在大众面前,凡是需要使用文字的地方,全部都使用同一种独特的字体,对于巩固企业的视觉形象有很重要的作用。

在包装上使用和品牌字体同样的字体,有利于消费者识别品牌。如"可口可乐"的中文和英文,都统一采用了飘逸的彩带形式,很经典,也很有辨识度。(见图2-30)

(3)突出品牌的图形。

品牌的图形可以是抽象的,也可以是具象的。三只松鼠包装中大量出现的松鼠形象,让它在中文名称、品牌形象和包装中反复强化同一个"松鼠"的概念,可以说是比较深入人心了。(见图2-31、图2-32、图2-33、图2-34)

图 2-30　可口可乐品牌字体的应用

图 2-31　三只松鼠品牌标志

图 2-32　熟食包装中的"松鼠"

图 2-33　饼干包装中的"松鼠"

图 2-34　曲奇包装中的"松鼠"

2.产品定位

除去品牌定位对于包装设计的影响之外,产品本身的卖点、性能、优势、用途、功效、档次等决定了包装的设计面貌。

(1)特色定位。

挖掘产品品质的重要卖点,并在视觉上体现出这种重要卖点。比如以"辣"作为产品的卖点,必然要在标题字体的设计上和包装整体色彩的选择上体现辣的概念。火热的红色和夸张热辣的字体,使得喜欢辣味食品的消费者能很容易地辨识,不用浪费大量时间去挑选。(见图2-35、图2-36)

图 2-35 辣味的品客薯片

图 2-36 辣味包装

(2)档次定位。

品牌自身的产品线也会存在低端和高端的档次区别。如在手机行业,小米定位中高端;而红米追求性价比,定位中低端。还有一种是档次定位差别表现为日常款和限量礼盒款。(见图2-37)

图 2-37 德芙巧克力的普通款与经典礼盒款

(3)消费者定位。

消费者定位是设计定位中最复杂的,因为根据不同的划分方式可以细分出非常多的群体。再以手表行业举例,有面向年轻人的时尚品牌斯沃琪,有面向数码爱好者的卡西欧,还有面向运动爱好者的佳明。不同的年龄群体、性别群体、收入群体、职业群体会有不同的审美需求。

二、确定材料、形态、结构

在概念上明确了市场定位后，我们后续展开的视觉设计都必须紧紧围绕这个定位展开。设计包装首先需要考虑的就是包装的材料、形态和结构。

材料、形态和结构三者之间的关系非常紧密，相辅相成，相互影响。

1. 塑料

塑料生产成本较低，在休闲食品行业，塑料在形态和结构上没有太多变化的可能性，基本都是袋装的形态和结构。

2. 纸张

纸张的成本高于塑料，不同种类的纸张本身就有比较多的质感变化，再结合不同的印刷工艺，可以产生丰富的视觉和触觉效果。因为纸张具有强大的可塑形性，所以纸张可以呈现出成百上千种结构与形态的差异，而且没有太大的加工难度。

3. 其他

金属和玻璃的成本较高，在休闲食品领域，一般它们的形态都是圆柱形和方形。

根据食品本身的特点和定价策略，确定好包装的材料、形态和结构后，就要开始对包装展开具体的画面设计了。

三、确定画面

现实中的包装不是一个单一的平面，它是一个多面体，但是商品展示在我们面前时，我们往往只能看到一个主要画面，即正面的画面。所以包装的正面必然是整个包装的设计重点。在设计出正面的主要画面后，对于侧面、背面等其他面，可以根据正面的画面风格做适当的延续。

1. 文字

商品名称、宣传口号、重要特点等文字，一般会在包装正面占有显著的位置和较大的面积，是包装中最重要的视觉部分。

我们一般不会选用现成的字库字体，因为字库字体较为常见、普通，不具有独特性。即使选用了字库字体且字库字体较为新颖和独特，也未必能和商品的定位、调性相匹配。在"商品名称"这样一个重要的位置，我们应该根据市场定位和主要图像、图形的风格，进行文字字体的全新创意，设计出一个全新的创意字体。

一个经过精心创意设计的图形画面，配上普普通通的字库黑体标题类文字，包装的视觉效果会因为选用的字体而大打折扣。如果我们再花一点时间，把标题类文字设计一下，设计出一组和图形画面匹配的创意字体，视觉效果会好很多。

这就是创意字体设计的价值和必要性。我们需要为包装的标题类文字设计全新的创意字体，使标题类文字和图形画面相互匹配、协同工作，打造出整体、统一的视觉效果，才能让包装发挥最大的视觉感染力，从而刺激商品的消费。

是否能够根据不同的产品定位,选用或者设计不同风格的字体乃至整个包装的画面风格,是一款商品的包装设计是否成功的重要考量因素。(见图2-38、图2-39)

图2-38　包装中的创意字体(一)   图2-39　包装中的创意字体(二)

2. 图像、图形

除了文字,一般还会有包装内食品实物的形象出现在包装的正面,它与商品名称从画面和文字两个角度传达出商品的重要信息——"'我'是什么"。

包装正面的形象,可以是通过摄影产生的实物照片形象,也可以是设计师用图形的语言绘制的实物形象。通过摄影产生的形象较为逼真,一般是请专门的摄影师针对加工好的休闲食品进行拍摄,后期经过图像处理,放置在包装的正面。但是由于摄影和后期处理的空间有限,实物照片的可操作性没有设计师绘制的图形强。

设计师根据食品实物进行的图形绘制,变化多端,或可爱,或卡通,或时尚,可以很好地和产品定位相匹配,具有很高的自由度。

在实际的包装设计过程中,我们可以将摄影产生的逼真图像与设计师绘制的图形相结合,根据产品定位,设计出合适的画面。(见图2-40、图2-41)

图2-40　运用照片的巧克力包装   图2-41　运用图形的巧克力包装

3. 色彩和排版

包装画面中不同类型的文字和不同的图像、图形视觉元素之间需要有一个合理而协调的色彩搭配,这是画面本身的视觉审美要求。包装选用什么样的色彩,也应该充分考虑产品定位的消费群体。可口可乐的红色,康师傅绿茶的绿色,洽洽香瓜子的红色+浅咖啡色,大白兔奶糖的红色+白色,绿箭口香糖的绿色,让你不用看清画面,就能一眼找到它们。找到合适的包装色彩,对于产品的形象同样有着至关重要的价值。

设计合理的文字,独特的图像、图形,最终都需要经过精心的排版,有序地组织、排列在画面上。它们的色彩、大小、距离、疏密关系都需要遵循合理的视觉流程。

明确产品的市场定位,确定合适的包装材料、形态、结构,并以此对画面的色彩、文字、图像、图形进行合理的设计和安排,即遵循一套科学的设计流程,才能设计出优秀的包装。

第四节
系列包装和通用包装

一、系列包装

市场上的休闲食品,因为有不同的口味,或者近似的食品类型,所以存在系列包装。比如洽洽瓜子有焦糖味、山核桃味、藤椒味、芝士味等。下面我们来谈一谈同类型的系列包装的设计要点。

我们在设计系列包装的第一款时应该注意以下几点。

(1)完成第一款设计,基本上就等同于完成了全系列的包装一大半的工作量。因为系列包装基本上都具有相同的排版布局,只要替换相应位置的文字和图像、图形,以及色彩搭配,就能完成全系列的包装设计。

(2)对于商品名称的文字,应考虑到后续同系列的其他品类商品名称的字数有多有少,所以对于第一款的商品名称的文字排版,在其左右要留有一定的空间,以便后续替换其他名称时较为方便。

(3)所有商品名称的文字字体,特别是创意字体,要具有相似的字体风格,以保持同一系列包装设计的风格统一。

(4)包装正面的主画面,在同一系列的包装上,要保证具有统一的视觉风格。

(5)在色彩关系上,对于系列包装的每一款最好能够确定一个主要颜色,这样可以使每一款都能通过这个主要颜色加以区分。

在设计第一款包装前,先对系列包装做一个统一的规划,在字体、图像、图形、色彩上稍加注意,这样系列包装的设计就会变得水到渠成。(见图 2-42、图 2-43)

图 2-42　系列坚果包装　　　　　　　　　图 2-43　系列果干包装

二、通用包装

　　当今正处于电商时代,网络销售的兴起,使得商品到达消费者手上的中间环节越来越少,商品的相对销售价格越来越低。由于竞争激烈,各个厂家都想尽办法在保证产品质量的前提下节约成本,压低商品的价格,提高商品的竞争力。很多消费者选择线上的购买方式,除了商品的品种更多之外,价格更低也是一个主要原因。不管是通过手机购物还是通过电脑购物,很多时候商品的包装不再像线下店那样成为诱导购买的一个重要因素,消费者更加关注产品本身的价值和价格,包装更多的是发挥它的自然功能,即起保护和承载的作用。近年来,很多专注线上销售的企业会采用同一个样式的包装袋(通用包装袋)等作为整个系列产品的包装,再辅以印有不同信息的不干胶贴纸来区别不同的产品,这样做会节约一定的产品成本,缓解库存压力。(见图 2-44、图 2-45、图 2-46)

图 2-44　通用罐形坚果包装(一)

图 2-45　通用罐形坚果包装(二)

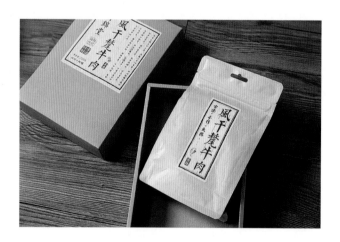

图 2-46　肉干的通用包装

1.通用包装袋的成本节约和环保效用

(1)节约商品印刷的制版费。

包装的印刷成本一般来源于制版(菲林片和 PS 版)、纸张和印工。以某企业的系列休闲食品(包括开心果、碧根果、杏仁、腰果等五种产品)为例。该企业通常的做法是为这一系列五种产品设计和印刷五种不同画面的包装袋,因为每种包装袋的画面是不一样的,所以每种包装在印刷上都会制作不同的版(画面不同的菲林片晒到不同的PS版上),五种产品均产生制版费,而纸张和印工,不管选用什么样的画面都一样,不会对成本有影响。

如果采用通用包装袋画面,就可以采用同一个版,可以省去四种产品的制版费,这样就会节约包装袋的印刷成本。不同产品的名称和相关产品信息可以印在不干胶贴纸上,将不干胶贴纸贴在通用包装袋上,以区分不同的产品。系列产品的种类越多,采用通用包装袋所节约的印刷成本就越多。所以说,采用了通用包装袋来包装系列产品,会节约一定的包装成本。

(2)减少包装袋的库存压力。

如果每一种产品都采用不同的包装袋,每种产品的销售情况不同,有的产品销售得好,库存所剩的包装袋就少;有的产品销售得差,库存所剩的包装袋就多。这种同一系列产品库存包装袋有多有少的状况,不利于企业灵活地调整系列产品的种类和供求关系。企业一般会根据市场销售的情况,在一年左右的时间更新一次产品的种类和产品的包装设计风格,因此每一种产品都采用不同的包装袋容易使企业陷入新老包装袋并存的尴尬局面。另外,如果这时有一个种类的产品因销售不佳而决定停售,剩下的包装袋无法再使用,浪费就更大。

如果采用通用包装袋,因为同一个包装袋可以包装系列产品的任何一种,所以就不会产生某一种不通用的包装袋库存太多,影响企业的下一步发展计划的情况,企业可以及时地取消某一种销售状况不佳的产品种类,不用顾及包装袋的库存,调控能力会变得非常灵活,减少了浪费,节约了成本。

(3)环保效用。

一些附加值高的商品类别,诸如高档的茶叶和月饼,往往都会有过度包装的情况存在,这些包装都采用了复杂的印刷工艺和制作材料,不仅提高了消费者购买实际商品的价格,而且当这些商品很快使用完,或者在使用过程中时,商品的包装就会被遗弃,造成了不必要的资源浪费和环境污染,有悖于当今绿色环保的大趋势。

在电商时代,商品销售的中间环节越来越少,消费者更多地依靠浏览网页画面来判断商品,通用包装顺应了销售方式的这一转变,商品包装回归到它的自然功能,即注重满足对商品的保护、承载、储运等功能,不过分强调包装的美化和促销功能,不使用成本过高的印刷工艺和制作材料,不以过度包装产生的附加值来提高商品的价格,采用节约和成本较低的方式包装商品,不在包装上造成不必要的浪费,体现了一种绿色环保的精神。

2. 商品采用通用包装袋的不利因素

系列产品采用通用包装袋时,因为每一种产品的品名、成分、营养成分、条形码等因素都是不同的,所以这部分信息必须加以区分。通常需要将这些信息印在不干胶贴纸上,将不干胶贴纸贴在通用包装袋上留出的空白区域,用来区别不同的产品。通用包装袋虽然可以节约系列产品的包装印刷成本和减少库存压力,但是这种包袋加不干胶贴纸的方式也有自身的缺陷。

(1)产品包装的设计难度。

在不采用通用包装袋的情况下,我们一般会在包装袋的设计上体现与产品相关的画面、色彩、图案等。例如开心果包装袋,我们会在袋体的表面直接印刷吸引人的开心果图片,以及用开心果果实的绿色来象征。但是如果使用通用包装袋,就无法使用一种单独品种的食物画面和相应的色彩来体现该种食物,而需要考虑到系列所有产品的共性。由所有休闲食品的整体特点去寻找画面的设计内容，亦或者不直接从食品本身的视觉层面出发，而是在品牌定位等更高的层次去寻找设计的出发点，无疑给设计师的设计增加了难度，因为设计师无法像通常情况下那样"简单粗暴"地由每种产品自身的特点寻找设计灵感。

当然我们也可以采用当下比较流行的设计手法，就是在包装袋上留出透明的区域，让消费者可以直接看到包装袋内的食品，让这部分食品本身充当包装袋的画面，以此用来区分不同的产品，但是这对包装袋内食物的品相提出了特别的要求。透明区域后的产品应该是饱满而使人充满购买欲望的，但是在加工、封装和运输的过程中可能会造成包装内的产品发生位移和破碎，这时就会影响产品的卖相。

（2）对于企业产品形象的影响。

采用通用包装袋是为了减少成本和库存压力，但是由于通用包装袋大部分面积上的画面几乎一样，系列产品的画面几乎是一种重复，难免会给消费者留下一种包装过于简单和乏味的印象。采用通用包装袋的商品从视觉效果上来说，肯定不如采用单一包装袋的商品视觉效果好。单一的包装袋可以根据每种不同的商品设计不同的画面、色彩、线条和图案，设计的自由度很高。不同的包装画面会让整个系列的产品看起来丰富多彩，这是通用包装袋所不具有的视觉效果。包装的精美与否也是吸引消费者购买和评价商品的一个重要因素，所以相对来说，通用包装袋更适合用于线上的销售渠道，适合用底价来吸引消费者的企业采用。

大企业开发出新产品，通过销售情况来试探该产品的市场反应时，不会投入太多的资金，采用通用包装袋的方式符合新产品的市场定位。企业也可以把通用包装袋用在非拳头产品上，把资金和企业形象的塑造用在市场反应好的拳头产品上，对这些产品进行独立的包装设计。

（3）产品的不同种类的辨识度。

包装袋不仅仅是用来保护商品和塑造品牌形象的，不同的包装袋画面内容和色彩，可以让消费者很好地区分系列产品的不同种类，便于消费者很快找到自己需要的产品种类。如果采用通用包装袋，因为画面、色彩等大部分因素完全一样，只是在贴有不干胶贴纸的部分有些许差别，所以就给消费者在选购商品的时候带来一定的不便，他们往往需要稍加辨认才能区分产品的种类。

即使是通用包装袋，企业仍然可以设计得和其他厂家的同类型商品有很大的视觉差异，用以明确本企业的产品形象和特点，便于消费者找到自己品牌的产品。但是面对本企业系列产品的不同种类时，因为通用包装袋的使用，区别度就大大减小了，所以企业在设计重要区分依据——不干胶贴纸的画面时，要注意尽量增大这种差异性。（见图2-47）

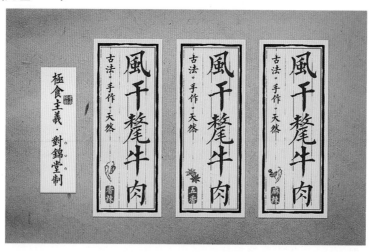

图 2-47　不同口味辨识度低

3. 通用包装袋在设计上需要注意的事项

常见的通用包装袋设计包括通用包装袋本体和不干胶部分。

(1)通用包装袋本体的设计。

前文提到过,因为是通用包装袋,所以在设计包装袋画面和色彩的时候,不能直接选用某一种产品的画面和色彩,而需要结合全系列产品的共有特点。或者也可以另辟蹊径,不从每种产品自身的形象和色彩入手,而着眼于更高层次的系列产品的文化定位、消费群体、价格策略、销售方式等其他方面,弱化每种产品的个性,找到共性,设计出一个适合包装全系列产品的通用包装袋。同时为了加强每种产品的区别,可以在包装袋上留出透明区域,让消费者可以看到内部的产品,再配上印有显著产品名称的不干胶贴纸。

(2)不干胶部分的设计。

如果不采用透明通用包装袋,那么不干胶部分是区别同系列产品不同种类的唯一特征。通常会在不干胶贴纸上印上显著的产品名称,以及品名、配料、产地、保质期、产品标准号、生产许可证号、营养成分、净含量和条形码等。这些信息,每一种产品都是不同的,所以必不可少。可以把显著的产品名称放在正面,字体一般要比较大,比较清晰,同时把相关的其他详细信息放在反面。也可以把显著的产品名称和其他相关详细信息放在一起贴在正面,这样处理会更加省事,不需要正反面各贴一张不干胶贴纸。不管是单面贴还是双面贴,不干胶贴纸上的产品名称一定要比较明显。不干胶贴纸上也可以印刷具有该种产品特征的画面和色彩,增加产品种类的识别性。(见图2-48、图2-49)

图 2-48　辨识度高的不干胶部分设计　　　　　图 2-49　通用包装的不干胶部分设计

(3)空白包装袋。

现在的电商平台中商品众多,特别是像淘宝、天猫这样的 C2C 平台,商品的品种更加齐全。也有一些企业直接在这些平台购买别的专门从事包装制作的商家大批量生产的空白包装袋,再辅以自己印刷的商品不干胶贴纸,用来作为自己的商品包装。因为是更加通用的包装袋,且是电商平台面向全国销售的同一种包装袋,所以商家会大批量生产,多采用再生纸和牛皮纸张,且没有太多的设计画面,仅仅是满足包装最自然的基本功能,即保护、承载、储运,所以空白包装袋的成本更低。企业购买了这种空白的包装袋,也就连自己设计和印刷通用包装的环节都省去了。但是所谓"鱼与熊掌不可兼得",想节约成本,就会带来商品包装不够吸引人、不够精美、缺少特色和差异性的结果,所以企业还是要根据自身的需求和定位来权衡是否使用空白包装袋。(见图2-50)

图 2-50　电商出售的空白包装袋

在处于互联网时代的今天,消费者的购买习惯和途径,乃至企业的商业模式都在发生着巨大的变化,很多曾经辉煌的企业有的已经日落西山,有的在积极地谋求变革,也有很多新兴的企业如雨后春笋不断涌出。不管怎样,企业只有顺应时代,才能更好地生存和发展。系列产品采用通用包装袋不失为一种节约产品成本的方法,省去了不必要的包装成本,降低了产品的价格,企业可以把产品研发的重心放在提高产品本身的质量上,还原产品最本质的使用属性,用真正有价值的因素去吸引消费者、提高竞争力和占有市场。同时顺应线上销售的特点,企业可以将设计的侧重点放在线上的销售页面展示效果上,多利用电商平台静态图片和动态音视频手段展示商品的特点和卖点。

通用包装袋不是万能的,市场的层次和需求是多样性的,企业还是要根据自身的产品定位和市场需求,恰当地选择包装方式。

第五节
包装效果图

为了能在设计阶段更直观地观察包装的整体形态与设计风格、主次画面节奏和材质工艺等效果,又因为受到时间、预算成本或设计技术手段的限制,包装设计师会用电脑模拟包装真实形态的效果图,用来相对更直观地考察设计图的最终包装效果。

设计师的包装设计文件,一般是展开的二维平面图,方便印刷生产。但是绝大部分包装最终的形态都是三维的立体形态。因此,在二维平面图和真实的三维效果之间存在着视觉落差,容易造成设计师设计的二维平面图对于最终的三维效果考虑不足,这样的平面图如果直接拿去印刷,最终的包装效果必然会打折扣。因此,为了向甲方客户更加真实地展示包装设计在现实中的视觉效果,设计师很多时候会设计制作立体的模拟效果,以更加真实地展现包装设计的效果。(见图2-51、图2-52)

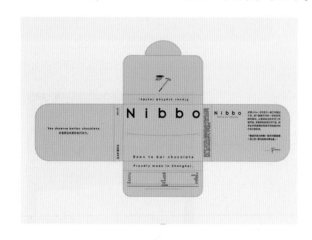

图 2-51　包装的二维平面图

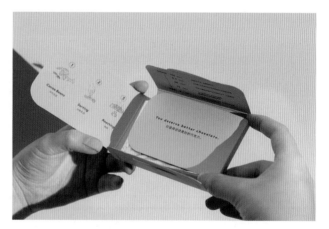

图 2-52　包装的真实三维效果

一、常见的包装效果图

常见尺寸、结构的包装,如听装饮料、手提袋等,一般在图库网站上都能下载到专门用来制作效果图的样机文件。它们都是含有完整图层分层的 PSD 源文件,设计师只要把所设计的包装平面图的每个面,都填到样机文件的相应图层里,就可以很方便地输出立体的包装效果图。(见图 2-53、图 2-54)

图 2-53　图库网站上的常见包装样机　　　　　　　　　图 2-54　图库网站上的包装样机

二、特殊的包装效果图

很多时候我们设计包装为了达到与众不同的视觉效果,我们会选用比较特殊的尺寸、形状、材料、结构,用独特的产品外形来增强产品的竞争力。在这种情况下,网络上现成的样机模板就没办法为我们所用了。我们需要先用 3D 软件为所设计的包装建立独特的模型,然后渲染材质效果,最后采用 Photoshop 进行后期处理,才能得到完美的效果图。

当下较为常见的方案是:C4D 建模 ＋ 渲染 ＋ PS 后期处理。(见图 2-55、图 2-56)

图 2-55　用 C4D 设计的月饼包装效果图(一)　　　　　图 2-56　用 C4D 设计的月饼包装效果图(二)

过去主流的 3D 建模软件是 3ds Max 和 Maya。这两款软件功能强大,被广泛应用于影视、游戏、室内建筑等行业,用于建立三维的立体模型。最近几年,另外一款三维设计软件异军突起,成为当下最流行的跨领

域设计软件之一,它就是 C4D 软件。(见图 2-57)

图 2-57　C4D 软件图标

1. C4D 软件

C4D 全名为 CINEMA 4D,是由德国 MAXON 公司出品的一款三维设计软件。相较于 3ds Max 和 Maya 等三维设计软件,C4D 软件的界面操作更加简单、可视化,新手很容易上手。C4D 软件内置的渲染模块可以生成丰富的视觉效果,是享有电影级视觉表现能力的 3D 制作软件。

C4D 软件是为影视后期而生的,主要用于搭建三维的影视片头、过场动画等。通过不断迭代和完善,它也可以通过建模、动画、渲染、角色、粒子以及插画等模块来创建三维场景、角色模型、渲染引擎,被广泛地应用于 UI、包装、广告、后期、室内、插画、电影、工业产品等众多领域。(见图 2-58、图 2-59)

图 2-58　C4D 软件操作界面

图 2-59　C4D 空白建模图

C4D 软件通过与 Photoshop、AI 等软件无缝结合,成为设计师突破平面局限,跨越到 3D 领域的首选三维设计软件。

2. 渲染

用 C4D 软件建立好三维网格模型后,光线、材质、纹理、空间、景深、粒子效果这些丰富的真实效果,都需要运用渲染器来完成。(见图 2-60)

图 2-60　C4D 渲染图

3. PS 后期处理

最后利用 Photoshop 软件完成贴图、调色等后续的工作。

三、互联网时代下的包装设计

随着互联网的高速发展、互联网与传统行业的深度融合、电商网络购物平台的兴起,网购的特殊性对包装设计产生了很多影响。消费者改变了购买习惯,不再直接面对超市众多的货架商品包装,而更多的是通过网页商品的详细介绍以及图片、视频等信息对商品进行了解。线上包装设计的静态图片和动态音视频的展示效果对于商品的销售起到了至关重要的作用,商品和包装效果图的网页展示很多时候比包装实体本身更为重要。

在移动互联网兴起的当下,传统的印刷媒介或急剧萎缩或已经消亡,以传统印刷媒介为基石的视觉传达专业,过去宽泛的职业发展方向在今天慢慢变得狭窄起来。在这样一个变革的时代,在传统的视觉传达职业方向中,仍然具有不可替代性和持久生命力的职业方向包括品牌设计、房地产广告设计和包装设计。各种印刷材质的商品实体包装永远无法被电子屏幕取代,商品从生产商到消费者手中不可能瞬间移动,必然要经历各种运输和传递方式,印有商品功能信息与审美视觉的纸张和塑料仍然是必然的选择,包装设计行业将具有长久的生命力和发展前景。

第六节
休闲食品包装案例分析

一、定位

坚果类的食品市场,有诸如三只松鼠这种头部企业,它仅仅"双 11"的销量就能达到 10 几亿元。三只松鼠的产品质量可靠、品种繁多、包装精美,是追求生活品质和文化消费的年轻人推崇的休闲食品品牌。但是中国是一个人口大国,经济水平和文化层次多样化,市场需求多元化。我们经常可以看到在城市里星罗棋布的炒货店,它们也销售着差不多的坚果类食品。和三只松鼠这样的大型企业相比,这些炒货店销售的产品从价格上看往往更加实惠,满足了对于产品品牌和包装没有特别要求,仅仅自购食用的消费者的需求。(见图 2-61)

在介于大型食品企业和炒货店之间,还存在很多地方性的中小型食品企业。它们立足于地域性的经济圈,没有过多的资本在头部媒体投放广告,没有完备的线上、线下的营销和销售渠道,也不具备大量商品的生产、仓储、运输的产业链。和炒货店相比,它们具有一定的品牌意识,对产品的质量和包装都有一定的追求。它们通过简单的包装、性价比高的商品,用相对较低的生产、加工、销售成本,在中间层次的市场谋求生存空间。

图 2-62 所示的包装来自一个位于三线城市的食品贸易公司。该公司主要经营和销售的是安徽地区周边的土特产和坚果类的休闲食品，从原产地大批量地购入加工好的坚果，在自己的企业进行封装贴牌，并放在门店或者小型超市销售。

图 2-61　街边炒货店

图 2-62　透明通用塑料罐

地方性中小型食品企业的市场定位决定了它们的产品在包装上不会投入太多的成本，但是也必须达到一个正规企业对于包装的基本要求。以上述食品贸易公司坚果产品（包括开心果、碧根果、松子等八种常见且热销的品种）为例，鉴于这样的一个市场定位，我们在包装设计的前期，可以从以下几个维度明确该系列产品包装的设计思路：

1. 系列包装

这是系列坚果产品的包装，选用的是开心果、碧根果、松子等八种较为常见且销量较好的品种。比较常见的坚果类型在供货上比较充足，价格合理。

2. 包装材料

包装选用塑料材质的通用罐形包装，采用常规的尺寸，工业生产规模化程度高，有利于降低包装成本。

3. 印刷方式

把商品的所有视觉信息采用不干胶贴纸的形式贴在罐体上。

4. 字体选择

不对标题字体进行原创，因为完全原创的字体设计会增加设计成本。选用无版权可免费商用的字库字体。

5. 图像的使用

画面上出现的商品图片自行拍摄，这样不会因为自行绘制图形、使用网络图库图片而产生设计素材成本、版权问题。

6. 设计特色

选择以山核桃为主打坚果，突出徽派坚果的文化特色。

二、确定尺寸和基本版式

1. 尺寸

根据塑料罐的尺寸确定不干胶贴纸画面的高度和宽度,可以将不同长宽比例尺寸的纸张尝试贴在塑料罐上,找到和罐体最匹配的视觉比例关系,从而确定不干胶贴纸画面尺寸。也要考虑常用的不干胶贴纸尺寸,过于特殊的尺寸会提高印刷成本。

2. 基本版式

因为所有的信息都要印刷在一张不干胶贴纸上,所以我们设计的画面务必在所有信息清晰准确传达的基础上追求视觉美感。不像一般的袋装包装具有正反面的视觉空间,单面的不干胶贴纸画面空间局促,特别是所有的文字信息在印刷后的包装实物上必须清晰可见。"麻雀虽小,五脏俱全",即使再小的包装画面,那些必要的包装视觉信息也不能少。(见图2-63)

我们把不干胶贴纸画面所有的视觉信息分成两个部分。

第一部分:标题类文字和主图。

第二部分:品名等说明类文字,营养成分表,净含量、条码和生产许可标志等图形标码,企业名称和标志等其他信息。

根据视觉流程的观看原则,我们大致将不干胶贴纸画面一分为二,把视觉层次关系更为重要的第一部分安排在画面的上半部分,把第二部分安排在下半部分。

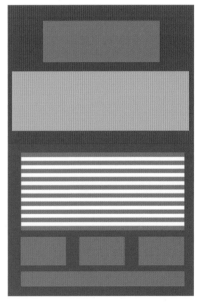

图 2-63　确定上下的基本版式

三、设计深入

1. 上半部分

我们把第一部分的内容安排在画面的上半部分。从视觉层次关系角度来说,这部分内容是包装中最重要的视觉部分,因为信息量并不大,排版空间绰绰有余,所以为我们通过加大来突出标题类文字留有足够的空间。

(1)商品名称。

商品名称是整个包装中最重要的文字。从文字的大小关系角度来说,它一定是面积最大、最醒目的文字。从文字的字体选择角度来看,一款商品名称选择了某一种字体,这种字体的视觉性格对于整个包装的风格就会产生非常大的影响,它可以引导设计者展开整个画面的设计感觉。宋体和黑体是较常见的字体,识别性很强,是较不容易犯错的字体,但是显得过于普通和死板。这里我们选择介于黑体和宋体之间的俪金黑字体。这种字体在普通的基础上多了一点特色(为了案例设计讲解的方便,我们假定案例中所选的所有字体都是可免费商用的字体)。(见图2-64)

对于商品名称,我们选用了一种偏向保守的字体,开启了画面版式设计的基调,确定了整个不干胶贴纸画面的排版应该是中规中矩的排版布局。采用这种排版布局还因为不干胶贴纸画面的尺寸有限,没有过多的画面空间让我们天马行空地发挥创意。

(2)主图。

画面中最重要的视觉层次除了标题类文字,就是主图了。这个主图可以是经过处理后的坚果实物照片,也可以是相关主题的创意图形。图形需要原创,设计周期长,成本会高一些;实物照片相对来说简单一点,用相机拍摄,后期稍加处理即可。(见图 2-65)

(3)其他。

在确定了商品名称和主图之后,画面的上半部分视觉元素过少,既显得有点空洞,也在信息传达层面显得过于简单。

我们在商品名称下方尝试加入一句副标题"来自中国坚果之乡……"和相应的英文,中文字体选择和标题字体风格不同的书法字体,增加视觉层次感和画面的变化。相应于书法字体,我们又加入了印章元素,想在画面里烘托出徽派坚果的文化意味。

大部分字体颜色选择的是普通黑色(K100),副标题的英文使用了红色,以呼应红色印章。(见图 2-66)

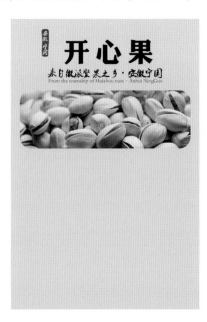

图 2-64　设计商品名称　　　　图 2-65　设计主图　　　　图 2-66　确定上半部分

2. 下半部分

相较于上半部分充裕的画面空间,下半部分信息量较大,空间排版较为局促。我们优先考虑的是怎样把众多信息合理地分布在画面内。

(1)说明类文字。

品名等一系列说明性的文字较多,为了保证这部分的文字在包装印刷成实物后清晰可见,我们需要在字体、字号、颜色的选择上多加注意。

黑体和宋体是印刷字体中识别性较强的字体,这里我们选择黑体。

在印刷物的设计中,为了保证印刷后文字的可识别性和阅读性,一般都会有字号的最低限度,最小的字号一般不低于 6 号字(Photoshop 软件菜单中的 6 点),更小号的文字因为印刷精度的上限,可能会显示不清楚。文字的字距和行距也要保证阅读的可识别性和舒适性。

由印刷原理的相关知识中我们知道,黑色(K100)是印刷后字体清晰可见的最佳颜色。在印刷类的各种设计中,出现大量文字的时候,设计师普遍都会采用黑色作为文字的颜色。(见图2-67)

(2)图形标码。

营养成分表是食品类包装不可缺少的部分。条码的大小也要保证可以被条码枪准确识别。我们在净含量上使用了类似印章的表现方法是为了呼应标题的红色印章效果。

(3)其他。

虽然在说明类文字区域已经有了企业的相关信息,但是为了突出企业的品牌,我们在下半部分还是单独设计了一个区域用以强调企业相关信息。这样做也加强了排版对于空间的合理利用。

我们在下半部分剩余画面空间中加入了一些相关的标语:"徽派坚果""手工精挑细选……"。这样做一方面是为了在包装中升华商品的文化特色,丰富包装形象,另一方面是为了合理地协调画面的排版布局。

我们在上半部分和下半部分之间增加了色条块,为的是在上下部分之间有一个视觉过渡和做不同区域信息的分割。调整了它的透明度是为了降低它的视觉层次属性,不能让它在视觉上太过于突出。(见图2-68)

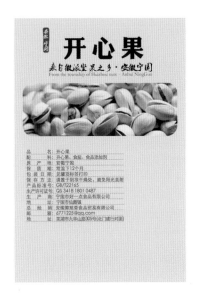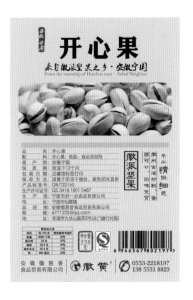

图 2-67　设计说明类文字　　　　　图 2-68　确定下半部分

3. 整体协调

为了给不干胶贴纸画面增加一些视觉质感,我们为整个画面添加了具有传统文化特色的纹样背景。大面积的纹样背景也为整个画面增添了层次感和丰富度,让背景不至于显得过于单调。因为面积很大,所以我们需要调整它的透明度,从而控制它的视觉强度,让它退到靠后的层次上去。背景纹样过强,不仅会打乱整个画面的视觉层次,也会让文字变得不易识别。

从上到下:印章、商品名称、副标题汉字和英文、主图、分割色条块、品名等说明类文字、标语、营养成分表、条码等标码、企业信息,这些平面内所有的视觉模块区域之间都有一定的空间间隙,通过区域之间的距离,每个视觉模块发挥着它们应有的作用。这种距离感的控制是排版的一个重要任务,让所有视觉模块有序而又统一地分布在画面上。(见图2-69、图2-70)

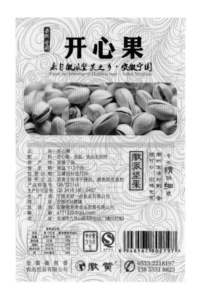

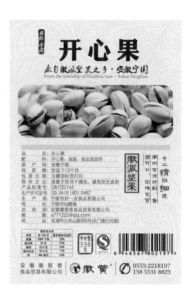

图 2-69 添加纹样背景   图 2-70 调整纹样背景透明度

四、全系列包装

在前文"系列包装和通用包装"中我们提到过设计系列包装的方法,因为是一个系列的包装画面,具有同样的风格,完成第一款设计,同系列其他的包装画面就变得顺理成章了。

通过在商品名称、主图、品名等说明类文字、营养成分表、条码等标码等相关模块中,替换掉相应的文字和图片,同一系列的不干胶贴纸画面设计水到渠成。

为了在视觉上增添一些变化,我们在同系列不同品种的坚果包装的背景纹样和分割色条块的颜色上做了一些变化。(见图 2-71)

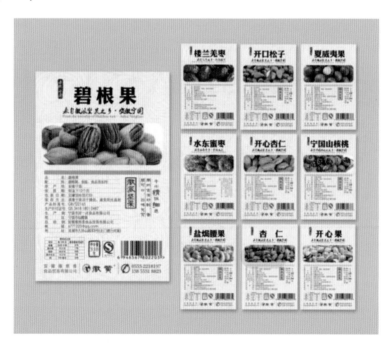

图 2-71 全系列包装

五、效果图

　　消费者只有来到销售场所才会和包装实物相遇,很多时候我们需要用一些传播手段来对商家的商品广而告之。在宣传品中展示企业的商品时,可以把商品包装完整设计制作出来之后,通过拍摄商品和包装实物的方法来展示。但是实物拍摄会受到光线、角度等因素的影响,有时候包装效果图比实物拍摄更加完美和统一,也会大大缩短制作周期。

　　因为选用的是通用塑料罐,所以比较容易在图库网站找到塑料罐的效果图样机,不必为包装花费更多的时间和成本去建模、渲染原创的效果图。由此可见,在包装设计最初的定位阶段,选择什么样的包装尺寸和材料对于包装成本有着诸多方面的影响。

拓展资源

Baozhuang Sheji

第三章
农产品包装设计

> **教学目标**

通过对本章的学习,对农产品包装设计的现状、类型有基本的认知,了解农产品包装设计的风格与设计趋势,掌握农产品包装设计的方法。

> **教学重点**

本章节重点是要求学习者充分了解农产品包装设计的现状与类型,通过对农产品包装作品风格、特点的分析,使学习者掌握农产品包装设计的方法。

> **实训课题**

实训三:

通过各种渠道(实际案例、网络、图书馆等)收集图片或照片资料,分析农产品包装设计的特点,并设计出一款农产品包装。

第一节
农产品包装现状综述

作为人们日常生活用品中必不可少的组成部分,农产品来源于农业,包含在农业活动中经过分拣、清洗、打蜡、包装等粗加工后并未改变自然形状与性质的,以及直接从农业活动中获得的未被加工过的植物、动物、微生物,以及对其进行进一步加工而成的产品。常见的农产品包括烟草、茶叶、食用菌、瓜果蔬菜、粮油作物、畜禽肉类、水产品、林业产品等。我国农产品资源十分丰富,在很大程度上丰富了人们的生活,提升了人们生活的质量。为了进一步提升农产品包装设计的效果,放大与完善其功能,越来越多的设计者开始围绕农产品与包装设计的实质展开探寻,搜索更加有效的应用与发展模式。

几乎任何产品都离不开包装,一个成功的包装不仅具备基本的实用功能,更能够有效增强消费者在众多商品中的倾向性。学习农产品包装相关知识,首先应当了解当前农产品包装的现状,特别是当前国内农产品包装存在的一些不足,并且明确优秀的农产品包装设计应该具备的一些功能和特质。

一、当前国内农产品包装存在的问题

近几年来,我国的农产品包装越来越受到人们的重视,虽然较过去有了很大的改善,很多农产品的包装设计都取得了令人瞩目的成绩,但这仅限于小部分农产品包装,更大部分的农产品包装仍然停留在较为简单实用的基础层面,少有系统的规划,在很大程度上存在包装的功能被缩减、艺术性与审美性难以实现的情况,整体的设计思路与策略都有待改进。

网购已成为当前人们购买物品的主要渠道之一。对于当前大多数消费者来说,线上、线下购买渠道已处于并存状态,差异仅在于比重不同。线上购买渠道又可分成两种:一种是依托快递运输的在线购买,另一种是近几年兴起的生鲜电商配送。无论是线下销售方式还是线上销售方式,我国农产品包装当前的突出问题,均主要包括以下几个方面:

1. 包装材料使用的问题

我国农产品及加工品的包装材料多是塑料、纸（做成纸箱）和其他一些不透明的材料，这些材料虽然具备基本的作用，但因为不能隔绝不卫生因素、与商品的成分发生化学反应等给消费者带来人身安全伤害，或因为浪费大量资源，给生态环境带来压力。

2. 包装不精良的问题

从现实来看，部分农产品包装只注重实用的基础层面，很少考虑到包装设计在销售中能够起到的重要作用，也忽视了现在消费者的欣赏水平，整体简单粗糙。更有甚者，农产品包装还存在以次充好的问题，给整个市场带来了恶劣影响。

3. 过度包装问题

部分具有礼品属性的农产品，如茶叶、粽子、菌类、海鲜等存在过度包装现象，片面夸大包装的装饰功能，导致经营、消费成本过高，价格浮高，给消费者增加了额外的成本，也干扰了市场经济的健康有序发展。

4. 农产品品牌建设问题

整体来看，农产品包装设计缺乏品牌意识。当下很多的农产品经营者是小规模农户，缺乏对品牌形象的建立经验。虽然部分农产品制造商注册了自己的品牌和商标，但更多的是倾向于与同类产品形成区别，而没有进一步打造出自己的品牌的意识，难以与国际知名品牌相竞争。

经过近几年来国家的立法规范，过度包装问题已经有了很大程度的改善，但是其他几方面的问题仍然在很大程度上存在于农产品市场。农产品包装设计问题可以用20个字简单概括：重缓冲保护，轻宣传美化，重成本控制，轻品牌建设。

以常见的鸡蛋托为例（见图3-1）。鸡蛋托从发明到现在有百年的历史，保护效果出色，环保性好，且成本低廉，至今仍是鸡蛋最常见的包装形式之一。单次多量购买时，商家会将多个这样的环保纸托堆叠放在一个纸箱中；少量购买则会使用带盖子的纸托。虽然这样的鸡蛋托保护性和成本控制都非常好，但是单独使用美观不足，对于商品起不到宣传效果，品牌建设更是无从谈起。

那么，好的包装设计做法是怎样的呢？同样以鸡蛋托为例，我们来看两个国外鸡蛋托包装设计。图3-1所示用干草做成的鸡蛋包装盒。包装原材料非常普通而且廉价，通过加热、压制的方法即可成型，厚实的外壳就像鸡窝一样，不光可以很好地保护鸡蛋，还凸显了鸡蛋的新鲜，给消费者产生"这是母鸡刚刚在草窝中下的蛋"这样的联想，放在家中也非常别致美观、充满野趣。内部缓冲结构同样是传统的鸡蛋托槽结构，有效实现了对鸡蛋的缓冲保护。颜色鲜明的标签上罗列着详细的产品和品牌信息，通过精良的构图和色彩搭配，产生使人愉悦的视觉效果。

图3-2所示的鸡蛋托包装设计方案从设计成本和生产工艺等角度出发，可能会存在一些门槛，市场通用性不是很强。图3-3所示的鸡蛋包装更加为我们所熟悉，更具备商业参考价值。这款带盖鸡蛋托的结构本身没有特殊之处，但是盒盖上覆盖着的一张设计精美、图文并茂、内容翔实的即时贴标签，搭配颜色鲜明的彩色纸托，可以在几乎不增加太多成本、不提高生产门槛的基础上，赋予鸡蛋包装更高的档次感和设计感。及时贴上编排合理、美观、翔实的图文标签，很好地发挥了包装的宣传促销和美化功能。这两个鸡蛋托包装，在缓冲保护功能不受影响、不产生过高包装成本的前提下，充分发挥了宣传美化的功能。

图 3-1　鸡蛋托

图 3-2　干草鸡蛋包装

谈完宣传美化问题,再来谈谈农产品包装的品牌建设问题。分析一下图 3-4 所示的杂粮礼盒包装。五谷杂粮大家都经常吃,但是说到它的品牌,估计很少有人能说出三个以上来。由此可见,我国农产品品牌包装设计并没有达到理想状态,面临十分被动的局面,这直接影响了农产品品牌建设。事实上,品牌形象的树立对于农产品而言十分重要,这有利于提高农产品的档次,形成产业链,同时有利于消费者识别农产品品质,尤其是在国民文化素养得到本质提升的当下,融入品牌文化的农产品包装设计还可以更大程度地满足消费者的多样化审美需求。中粮集团作为我国最大的粮油食品经销商之一,一直以生产、经营农产品为主。该企业十分重视品牌的建立,借助独特的以农产品贸易、生物能源开发、食品生产加工为主的产业链建立了稳固的文化形象,形成了强大的市场影响力,同时深深印刻在了消费者的脑海,这就是品牌的力量。图 3-4 所示的杂粮礼盒就是它的产品。五种国内具有典型代表性的优质杂粮,以礼盒的方式精美地组合在一起,中粮集团的品牌标志在包装中极为醒目,彰显了品牌身份,赋予了杂粮产品更高的消费附加值。鉴于目前在品牌建立过程中,农产品包装市场普遍存在的设计不规范、标准较低,专项资金投入相对匮乏等弊端,应从科技、文化、创新、艺术及时尚等层面入手,充分利用色彩、文字等细节,以满足广大消费者对产品的依赖需求。

图 3-3　鸡蛋包装

图 3-4　杂粮礼盒

二、农产品包装共性问题产生的基本原因

当前农产品包装"重缓冲保护,轻宣传美化,重成本控制,轻品牌建设"这一情况的产生原因,就是很多销售方基于包装和储运成本的考虑,仅仅考虑了包装的保护功能,而有意或无意地放弃了商品包装作为"无

声的推销员"的宣传促销功能,导致包装没有完全发挥它的功能性。

出现这些情况存在多方面的原因。一方面,二三十年前,中国还处于社会商品种类相对单一、优质商品供不应求、属于卖方市场的年代,当今虽然已进入市场经济阶段,但是人们的思维惯性中对于包装宣传促销功能的忽视依然存在,甚至有人认为包装就是"花里胡哨不实用的东西",片面追求性价比,也就是我们口头常说的"实惠",这一情况在农村人群和中老年人群中格外常见,而农产品生产者有很多就属于这一人群。另一方面,当前有很大一部分农产品经营者对于包装设计可带来的经济效益和社会效益的认识不深刻,只是单一考虑运输的便利性以及对产品的保护性。这一情况在传统的线下市场较为明显。

在图 3-5 所示的超市货架照片中,看似色彩鲜明、货品众多,但仔细观察可以发现包装没有起到任何宣传和美化效果,只是纯粹依靠商品自身的形象来招揽顾客。当前超市、社区菜市场等主要线下生鲜销售渠道,大多数采用的是像这样设计简陋甚至无任何标识的塑料袋、保鲜膜、塑料盒等作为生鲜类农产品的包装。

或许有人对此司空见惯,认为这样做能减少包装造成的资源浪费,而且给顾客留下经济实惠的印象。但是随着网络经济的兴起,以及 80 后、90 后逐渐成为社会消费的主流,消费者整体对于商品包装的审美性、功能性要求在不断提升,甚至很多所谓的网红商品就是红在包装上。

包装就意味着浪费吗?再来看图 3-6 所示的货架。这个货架上面销售的是各类菌菇,同样是托盘加塑料膜包装,但是与图 3-5 所示货架上的商品不同,每一个包装上都贴有一张设计精美的标签,上面包含了品牌标识、宣传语、商品详细信息等内容。从成本角度来说,这个标签并不会提升太多的包装生产成本,但就是这小小的标签,能够使商品的形象得到很大的提升,也让消费者更容易获取商品的具体信息,让整个包装除了发挥了保护商品功能之外,还发挥了品牌营造、宣传促销、美化商品等更多的功能。

图 3-5 超市货架

图 3-6 菌类产品包装

图 3-7 所示是国外的一个蔬菜包装作品,结构同样非常简单,也就是一个塑料袋,但这个外观经过了有针对性设计的塑料袋,能够极大地提高所包装蔬菜的视觉审美,而且还能够让消费者对蔬菜的信息一目了然,产生有机、精致、新鲜等正面印象,进而提升销售附加值。

线上农产品市场同样存在上述问题。考虑到物流的成本和包装成本,依托快递运输的传统网购单次购买量均较大。在这一情况下,无论是常温包裹还是冷链运输,瓦楞纸箱(见图 3-8)和白色泡沫箱(见图 3-9)均因为良好的缓冲保护效果和低廉的成本,几乎成为包括生鲜农产品在内的大多数农产品物流包装的绝对主角。使用这些包装自然无可厚非,但多数商家在使用其作为快递包装时,并不会对其进行特别的美化设计,大多只是贴一张快递单了事,甚至有商家为节约成本选择二次使用的纸箱来包装商品。这显然也是片面重视缓冲保护、忽视宣传和品牌建设的一个体现。

图 3-7　蔬菜包装　　　　　　　　　　　　　　　　　图 3-8　瓦楞纸箱

　　值得肯定的是,随着包装产业整体的发展,以及在社会整体层面对于包装的重视日益强化,现在国内很多的农产品生产销售企业已经开始重视农产品的包装,我们在生活中越来越多地看到优秀的农产品包装案例。例如,有的超市肉类销售包装就打破了传统销售包装方式,不再是一个塑料盘加一张塑料膜,贴上一个标价签了事,而是对包装表面塑料膜进行有针对性的装潢设计,在并没有增加过多成本的前提下,极大地提升了商品的视觉效果,在保护了商品的同时起到了宣传和信息传达作用,更重要的是发挥了强化品牌建设的作用(见图 3-10)。再如图 3-11 所示的猪肉包装,以环保的牛皮纸板为包装原料,使用了开窗、书法字体等设计元素,实现了原生态风格与现代设计风格的统一,视觉效果更加突出,而且对货品档次有了进一步的提升,使其无论是在线下销售还是在线上销售,都非常容易让消费者产生好感,有利于促进消费。

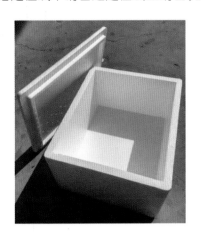

图 3-9　白色泡沫箱　　　　　　　　　图 3-10　超市生鲜简易包装

三、农产品包装设计应注意的功能要点

　　了解了当前农产品包装存在的不足,开展农产品包装设计也就有了相对明确的突破方向。简单来说,就是结合消费者和商品自身的实际需求,将对商品的保护与跟消费者的情感交流相结合。具体而言,优秀的农产品包装,除了具有周到地保护商品这一基本功能,还应该满足以下几个功能要点:

　　(1)农产品的包装对于农产品本身的经营企业和销售企业来说应该成为重要的商业宣传阵地。

　　在超市、网上商城等以自我服务为主要销售形式的销售平台上,商品的包装就是一个"无声的推销员"。

在现代社会,人们的生活质量逐步提高,人们从注意产品的包装设计过渡到注重产品的包装设计,甚至到追求产品的包装设计。时代在发展,社会在进步,美观是广大群众的共同追求。农产品借助设计精良、具有特色的包装不仅能从外观上吸引消费者的目光,而且能够展现农产品的内在价值和潜在的外在价值,从包装材料、安全感、艺术美感、呈现的农产品特质和内涵、带给消费者的农产品知识理解与文化故事等方面让消费者获得心理满足感,"以无声胜有声"的效果提升农产品的市场竞争力。所以,在很多情况下优秀的包装也是商品重要的组成部分,其形象的优劣、功能的好坏对商品的销售业绩产生直接而关键性的影响,因为过度节约成本而放弃这个重要的商业宣传阵地是得不偿失的。

图 3-11　纸箱类生鲜包装

除了吸引消费者,合格的包装还可以有效提升商品的附加值。当前我国整体社会经济获得高速发展,消费者选购农产品,早已不再将价格作为考虑的第一要素,而更多关心品质甚至视觉印象。农产品的包装简陋或缺失,会让商品给消费者留下便宜、粗糙、质量一般等印象,难以卖到好价钱。仅以水果为例,每当收获的季节,我们经常看到完全没有包装的橘子、柚子、苹果等水果散乱地堆放在路边摊位或车辆上,以低廉的价格出售。通过网购邮到家中的包装非常粗糙的水果,一般也都是以价格低廉为卖点。就这样,较低的价格让果农的辛勤劳动得不到应有的报酬,实在令人惋惜。而在城市大超市和高端水果店,柜台货架上精心包装的"洋"水果价格昂贵,而且销路很好。

(2)农产品的包装可以通过合理的设计,结合农产品整体营销规划,应用组合包装、类似包装、附赠品包装、分组包装等包装营销策略,让农产品在市场上更加容易获得消费者的心理认可,促进农产品的销售。

图 3-12　食用油包装

①组合包装策略。例如图 3-12 所示食用油的包装,就充分利用了组合包装策略。这个包装将四种同一品牌、同一分量、不同类型的油品以中包装形式进行捆绑销售,让消费者可以一次就非常方便地购买和享用到多种不同油品。从消费心理方面来看,第一,这个组合包装充分利用了社会宣传中不同食用油种类对于消费者健康带来的不同益处,让消费者从心理上产生一种"好上加好"的印象,而且只要消费者对其中一款油品有好感,就会很容易地将这一好感延展到其他款上。例如喜爱食用橄榄油和花生油的消费者,会很容易对与其一起销售的山茶油和亚麻籽油产生好感。第二,组合销售的方式可以让如亚麻籽油这一类小众类型的油品更容易被消费者接触,从而培养消费群。第三,这几种油品价格相对较贵,而这个包装中每种油品的分量并不多,让消费者感觉试错成本较低,使得第一次尝试其中几类小众油品的消费者更容易出手购买。在包装结构方面,该包装将四瓶单品油组合成一个类似桶状的结构,上部有方便携带的提手,下部有加固的托盘,给人感觉既便携又牢固,不会有难以携带的苦恼,相对于一次购买多瓶不同的油品,这一组合包装方式会让消费者感觉更加方便。

②类似包装策略。类似包装策略指的是企业所有产品的包装,在图案、色彩等方面,均采用同一的形式。例如图 3-13 所示的面条包装和图 3-14 所示的半成品菜包装,都采用了类似包装策略。这样做的优点

是能够降低包装的成本,扩大企业的影响。特别是在推出新产品时,可以利用企业的声誉,使顾客首先从包装上辨认出产品,迅速打开市场。

图 3-13　面条包装

图 3-14　半成品菜包装

③附赠品包装策略。附赠品包装策略也是农产品包装中常用的一种包装策略。附赠品包装的主要方法是在包装物中附赠一些物品,也就是所谓的"买 1 赠 1""有买有赠",让消费者产生划算、占便宜的购物感受,从而激发消费者的购买兴趣。有时这种做法还能引发顾客重复购买的意愿。赠品可以是同一产品或类似产品小分量试用装,也可以是用来辅助产品使用的一些工具。例如图 3-15 所示的韩国 3SPOON 果酱包装,就把用来将果酱抹在面包上的抹刀作为赠品放在包装中。这样做能让消费者产生一种"商家为消费者考虑周全"的正面印象。

再来看著名网络零食品牌三只松鼠的包装。三只松鼠的零食包装袋里包含各种贴心的小工具,如封口夹、纸巾、湿巾、垃圾纸袋、带封口的分享袋,还有徽章、贴纸等装饰品,这些在细节方面的投入给消费者带来非常贴心和亲切的感觉。(见图 3-16)

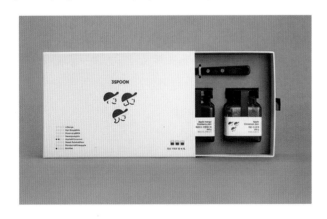

图 3-15　3SPOON 果酱包装

图 3-16　三只松鼠零食包装

需要指出的是,并不是什么东西都可以当作赠品放在包装中的。第一,赠品应该与商品本身具有一定的关联。例如雀巢咖啡的赠品是杯子或者勺子,如果是一根擀面杖就会显得非常奇怪。第二,赠品虽然由于需要分摊商品的成本,因此自身成本需要谨慎控制,但是品质也不能过于粗糙,质量低劣的赠品会直接影响消费者的购买意愿,甚至影响消费者对于主体商品的满意度,严重的甚至会让消费者产生受骗上当的感觉。赠品在使用中出现安全问题,同样会给商家带来严重的后果。相反,一些品质精良、实用美观的赠品会提升商品的整体形象。

④分组包装策略。很多农产品品牌都包含着不同价格和品质档次的产品,以应对不同的消费需求,这时就可以考虑使用分组包装策略。分组包装策略又称等级包装策略,指的是对同一种产品,可以根据顾客

的不同需要,采用不同级别的包装。若用作礼品,则可以精致地包装;若供消费者自己日常使用,则只需简单包扎。对于高档产品,包装精致些,以凸显产品的身份;对于中低档产品,包装简略些,以减少产品成本。以大米为例,看似常见的大米售价悬殊,从两三元一斤(1 斤 = 500 克)到数十上百元一斤皆可在市场上见到。如一般超市中堆放销售的大米(见图 3-17),主要供人们日常购买食用,在包装上追求的是简单结实,让消费者感觉这些米经济实惠、分量十足。而图 3-18 所示的大米采用精致的木盒包装,包装设计极具文化气息,一看就知道价格不菲、品质优良,具有典型的礼品属性。

图 3-17　普通大米包装

图 3-18　大米礼盒包装

⑤再使用包装策略。再使用包装也称为多用途包装,是一种绿色包装,因为它能够有效地延长包装物的流通使用时间。这一类包装与附赠品包装有相似之处,但并不是在包装中添加赠品,而是包装物在产品使用完后,还可做别的用处,使购买者可以得到一种额外的满足,从而激发其购买产品的欲望。如:设计精巧的果酱瓶,在果酱吃完后可以作茶杯之用;国内的白鸽品牌饮料,更是以饮料瓶就是水杯为卖点(见图 3-19)。包装物因为有醒目的品牌标志,在继续使用过程中,还起了宣传广告作用,加深了顾客对品牌的印象。

再如图 3-20 所示的 Tutu Kueh 包装也是典型的再使用包装。Tutu Kueh 是新加坡的一款传统蒸制小吃,中文称为嘟嘟糕。最外层的包装本身就是一个做工精美的竹制蒸笼,既是商品外包装,也是一个实用的家庭用品和旅游纪念品。

图 3-19　饮料包装(二)

图 3-20　新加坡"嘟嘟糕"包装

生产销售者应该与消费者通过包装进行情感的交流,不能只剩下冰冷的买卖关系,农产品也是如此。

产品包装是对产品特性、品牌理念、消费心理的诠释。农产品包装是消费者认识农产品的第一步,精心设计农产品包装可使农产品在市场竞争中脱颖而出,提高经营者的经济收益。在生鲜电商、网络销售平台、各类商超及社区门店层出不穷、竞争激烈的当前,对于大多为快速消费品的农业产品来说,消费者对于某一品牌的消费忠诚度并不稳固,而不同销售渠道和平台提供的服务或者优惠往往也很难有本质性的差异。能够通过包装这种直观的形式更好地实现与消费者情感交流,在视觉和使用感受两方面给予消费者更好消费体验的农业品品牌或销售平台自然更容易获得消费者的好感,从而实现自身发展。

当前国内农产品包装存在的不足在很大程度上来自经济高速发展所带来的短暂不协调,发展前景整体向好。作为设计者,我们也要注意结合商品实际和区域市场情况进行有针对性的设计。因为农产品自身情况差异极大,目标消费者的需求、销售地区的实际情况更是错综复杂,同样的农产品在有些情况下需要一个醒目而精美的包装,而在有的情况下必须尽可能地降低成本,所以对于农产品包装的具体问题应该具体分析,而不能单一僵化,更不能盲目照套理论。

第二节
农产品包装设计风格类型

作为设计者,在进行具体的包装设计时可以根据设计需要选择不同的风格类型。在当前的农产品包装设计中,比较常用和突出的风格类型主要包括原生态类型、时尚类型、区域特色文化类型和趣味类型等几种。

一、原生态农产品包装

原生态类型,也称为原生态形象风格。随着人类对生态环境的重视,"原生态"成了近年来的生态热词。简单来说,原生态借用了环境科学和自然地理的概念,是指一种天然、原始的,没有或很少受人为影响的原始状态,象征着人与自然的和谐。随着生态保护和可持续发展理念深入人心,当前人们越来越强调亲近大自然,喜欢原汁原味的原生态意境,"保持自然原生态是一种美"这样的审美观念已经被社会普遍认同,原生态包装风格类型正是在这种社会环境下受到欢迎和追捧的。

原生态包装设计是在充分满足包装保护等需求的情况下,注重包装的生态效益,同时融入符合生态伦理的概念和设计,保持包装的原生艺术形态,充分体现出自然、乡土和传统气息的包装设计。

原生态农产品包装的材料大多是一些低廉朴素、随处可见的天然材料,如木、竹、棉、麻、草等。这些材料的使用及其制作工艺极大地体现了人对材料利用的认知和开发。主观创作意图与材料的自然形态完美地融合,恰恰是原生态农产品包装设计自然观念的体现,与目前人们崇尚自然的消费心态不谋而合。除了材料,原生态农产品包装设计中还可以充分利用传统的包装形式与工艺,结合现代设计的理念来挖掘作品的特色。图3-21和图3-22所示的两个包装,就是典型的原生态包装材料应用设计案例。图3-21所示为泰国的柚子包装,包装材料大胆采用当地的水生植物,经干燥处理后通过当地居民擅长的工艺技术制作成包装,环保性和创意性兼具。图3-22所示的黄瓜包装,使用了芭蕉叶这种来自自然的材料作为包装的材料,并且不进行过多的人工加工,而采用过去自然环境下原始人类对农产品的包裹、捆绑包装形式。经过巧妙的

设计,这种看似简单的包裹方式,既能够对所包裹的农产品起到足够的保护作用,又将所包裹农产品生态、自然、新鲜的概念顺畅地传达给消费者。其上看似工业化氛围浓厚的标签,以对比的方式反衬出包装的原始气息,凸显出的自然之美为诸多消费者所青睐。

<table>
<tr><td>图 3-21　泰国柚子包装</td><td>图 3-22　黄瓜包装</td></tr>
</table>

　　当然,我们所说的原生态包装,并不仅仅局限于使用植物这类来自自然的包装材料,也包括在设计语言中使用源于传统民俗文化和地方乡土文化的视觉元素,展示原汁原味的地方民俗特色。例如图 3-23 所示的水果味牛奶包装,以类似蜡笔这样质朴而充满人情味的笔触,在牛奶瓶标签上展示出一种传统、自然的田园风貌,让购买者完全忘记了当今的牛奶同样是工厂批量生产的产品。

　　亚美尼亚 Backbone Branding 工作室设计过一款蜂窝形状的蜂蜜罐包装盒(见图 3-24)。该包装盒模仿了蜂窝的造型,依照每罐质量不同由粗麻绳贯穿 4～6 个木质环而成,设计简洁却十分形象,极富质感和层次感,同时对其中的蜂蜜也起到了很好的宣传效果,消费者第一眼看到就感受到蜂蜜的口味醇正、原始生态,大大提升了农产品的附加值。

<table>
<tr><td>图 3-23　水果味牛奶包装</td><td>图 3-24　蜂蜜包装</td></tr>
</table>

原生态类型作为农产品包装设计的类型之一很容易被人接受,因为农产品与土地、自然、生态等元素有天然的联系。但是需要注意的是,在做好原生态形象设计的同时,也应该将具体所包装农产品的特色和个性打造出来,不能为原生态而原生态,更不能打着原生态的幌子搞过度包装。

原生态包装虽然很受欢迎,而且环保性更好,但是并不是一种绝对廉价的包装设计形式。原生态包装的成本一般要高于其他包装设计形式,而大多数人在面对绿色环保和价格低廉时,往往会倾向于选择后者。因此,并非所有的农产品都适合使用原生态包装设计风格,进行原生态农产品包装设计时,要结合当地的资源情况做到因地制宜,尽量通过合理的设计降低成本。

二、时尚风格农产品包装

时尚风格也一直是农产品包装设计的主流类型之一。在很长一段时间,人们对农产品的包装都有一种误解,认为农产品的包装必须够土才有农产品的样子,以至于当今仍然有很多农产品包装以土为美。可是,对于现在年轻的消费者来说,够土的包装很难获得好感。当前社会审美早已达成共识,农产品的包装并不必须是乡土气息浓郁、不可以时尚的,在产品包装设计风格类型同质化日趋严重的今天,具有时尚风格的、特色鲜明的农产品包装设计可以让更多的消费者眼前一亮。

正如图 3-25 所示的一套国外系列蔬菜包装,使用了现代时尚气息浓烈的简约风格插画和带有强烈街头涂鸦感的字体,浓烈的大面积纯色与透明包装里面的蔬菜的绿色形成强烈的对比,摆放在超市货架上,远远地就能吸引消费者的眼球。

图 3-25　国外系列蔬菜包装

在现在很多人看来,时尚类型的包装设计风格对于农产品来说还是比较大胆的,有的设计甚至在形象上有可能颠覆以往相对固定的观念。例如图 3-26 所示的两组茶叶包装,就使用了充满时尚感的卡通插画作为主体图形,诙谐可爱的卡通图形看似与传统茶叶包装庄重、典雅、中国风的常见视觉形象格格不入,似乎更类似儿童食品的包装。但这样的设计正好迎合了现代很多的年轻人追求个性、习惯调侃、喜爱二次元文化的审美特点。

再看图 3-27 所示的咸鸭蛋包装。咸鸭蛋作为一种极具中国特色的传统食品,似乎采用原生态包装设计风格更加容易被人们接受。但是这一包装中,传统鸭蛋包装上常见的鸭蛋摄影图片等具象形象被充满现代感的扁平符号化抽象形象取代,传统与现代字体交织成为背景,咸鸭蛋这种"土到家"的传统食品就这样披上了充满时尚感的外衣,展示出不一样的包装美感。随着我国消费者整体审美喜好和消费观念的转变,以及农产品消费者的年轻化,时尚的农产品包装设计也必将成为主流设计风格的一部分,是叫好又叫座的品牌塑造必经之路。

图 3-26　茶叶包装

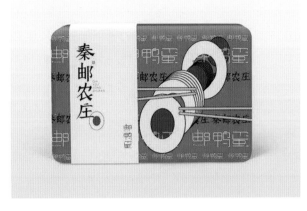

图 3-27　咸鸭蛋包装

三、区域特色文化风格农产品包装

我国很多区域都有丰富的农业资源,但是片面依靠销售农产品来获取经济价值,对于地方区域全方位发展来说是远远不够的。多年实践证明,振兴区域经济需要将商业经济与当地的特色文化结合,促使悠久的历史和灿烂的文化得以延续,打造当地的区域文化特色产业,提升区域文化的经济价值,激发国内消费者的文化认同感、归属感,以及国外消费者的求异好奇心。这不仅能拓展当地农产品的销售渠道,扩大销量,而且有利于打造区域特色文化,提升文化价值和生态价值,促进区域经济全面发展。

受土壤、气候、光照等种植条件因素的影响,很多的农产品是具有强烈的区域特性的。正所谓"橘生淮南则为橘,橘生淮北则为枳",有不少农产品本身就属于某个地方的代表性土特产,品质受到广泛认同,甚至说是地方名片也不为过,例如新疆果干、宁夏枸杞和洛川苹果(见图 3-28)。

图 3-28　地方特色农产品

这些具有地方代表性的特色农产品,价值早已不仅局限于食用,更是一种地方文化和地方特色的。新疆果干、宁夏枸杞和洛川苹果这三种农产品,已经在全国甚至世界范围内成为地方特产代表。在这类地域特色明显的农产品包装设计中,使用具有代表性的地方文化符号,通过恰当的设计,就可以赋予整个包装突出的区域特色文化特点。将农产品特点与区域特色文化结合,具体来说就是以区域特色文化为品牌背书,赋予商品更多的文化内涵和历史气息,促进商品的销售;与此同时,特色农产品在市场上的大量流通又可以助力区域文化在更大领域内的宣传和推广,对于产品销售和地方文化推广产生 1+1＞2 的效果。

需要注意的是,在将区域文化元素融入地方特色产品的包装设计过程中,设计者需要在形象塑造上注重地域特色和文化的挖掘。设计者需要在设计时进行详细的调查研究和挖掘整理,否则很容易出现偏差。

农产品与产地的文化底蕴,通过设计进行全面诠释,与包装融为一体,可以烘托出产品品牌的文化气息。

图 3-29 所示的是"昆仑雪藜"品牌高原藜麦系列包装的主画面。品牌主画面顶部以红色标注"源自 2980 米的雪山藜麦",给人视觉上的强烈冲击力;中部金色的"昆仑雪藜"标志,寓意在"金色"世界德令哈诞生的高原藜麦品牌;中下部的"高原藜麦"文案是对品牌产品生长环境的再次强调和说明;底部极具青海德令哈民族特色的纹理,注入了青海德令哈本土特色元素,更具品牌原产地标识和区域特色文化底蕴传播的作用。

图 3-30 所示是来自西安四喜品牌设计有限公司的"秦岭农夫"品牌土鸡蛋包装。这款蛋品是一种被称为秦岭深山土鸡蛋的当地特产鲜蛋产品。"秦岭农夫"从文字表面来说是一个非常具象的名字,相对比较平实,如果设计者直接画个农夫形象就很容易落入俗套,无法与其他叫"××农夫"的品牌产生区别,难以突出产品的地方特色。所以设计者在品牌概念上加了熊猫。秦岭大熊猫是秦岭的地方名片之一,也是大众熟悉和具备广泛好感的一个视觉形象。将"秦岭农夫"的视觉形象设计成憨态可掬的大熊猫,是将地域文化特色与农产品联系的一个成功案例。事实是,这款包装的土鸡蛋上市后,经常在永辉等大型超市卖断货。

图 3-29　"昆仑雪藜"品牌高原藜麦系列包装的主画面　　　　　图 3-30　秦岭鸡蛋包装

四、趣味风格农产品包装

当今农产品包装越来越多考虑年轻消费群体的喜好,而趣味化的包装设计风格正是广泛受到当今年轻消费群体喜好的风格之一。

趣味风格农产品包装,是指农产品包装的某一方面,包括形态、功能、色彩,以及包装装潢的背景和相关的故事等,能够吸引消费者,同消费者产生一定的共鸣,创造快乐愉悦的审美体验。不同的消费者,由于背景、教育及修养等方面的差异,对趣味化商品的认知不尽相同。人们的心理活动是极其微妙的,也是难以琢磨的,人们往往凭自己的印象购买产品。假使人们在认知趣味包装时,能够和自己的一些经验产生联想,或联想到什么有趣的事,就会产生一定的亲切感,容易引发兴趣,进而对产品产生好感。

另外,由于在工作、学习、生活中面临的压力需要释放,广大消费者,特别是年轻群体对于可以放松身心、让自己开怀一笑的趣味化事物格外喜爱,尤其是 90 后、00 后,受网络文化的影响,对于有趣味、诙谐甚至带有一点恶搞性质的设计可以说基本没有抵抗力。在众多的商品中,人们看到有趣的包装,可能会会心一笑,或拿起来仔细端详,这时有效的商品信息便在快乐、轻松、谐趣的气氛中传递,并可以有效缓解人们精神上的压抑情绪,排除人们对包装、广告所持的逆反心理。因此,以趣味性的包装设计结合农产品自身的特点呈现出的包装效果,受到消费者的欢迎也就并不奇怪了。

　　仿生的设计手法是表达趣味性的最佳途径之一。无论是鱼类、禽类、畜类等，还是蔬菜水果，设计者都能从图形上赋予它可爱的特征、精神与想法。如图 3-31 所示的日本的柑橘包装，设计者非常生动地将概括化的人脸表情与橘子结合，赋予了每个橘子不一样的神态和气质，使橘子似乎是在与面对的消费者进行表情交流，很容易引起人们的注意，产生亲和力。消费者容易被产品表达出的情感打动，产生购买欲望和购买行为。

图 3-31　有趣的柑橘包装

　　趣味风格农产品包装经常会采用手绘插画的表现形式，以提升农产品的吸引力和收藏性。如图 3-32 所示的小冬橙包装，整体图形展现出多色彩、高颜值的视觉效果，通过将传统手绘插画与童话元素相结合，表达出一种自然萌趣，作为内衬的硫酸纸为水果配上了"萌"表情，让人看后产生一种心灵放松的感觉。

图 3-32　小冬橙包装

　　图 3-33 所示的大米包装同样是很有趣味性的作品，是来自日本的一组名为"山羊先生"的农产品包装作品。"山羊先生"是日本的一个精品大米的品牌，大米包装袋的自然形态被生动地联想为山羊的头部形状，在其本身形态的基础上加上简洁的黑白羊脸造型，让顾客感觉大米包装袋似乎会说话一般。这个设计看似简单，实际上却让产品与消费者产生了情感交流，简洁有趣，容易引起消费者的好感。

图 3-33   "山羊先生"大米包装

图 3-34 所示是由茶叶包做成的小型衣柜,茶包被设计为类似于衣柜中的服装形状的形态,挂在半透明的包装盒中,好像一个衣柜里挂着一件件小衣服,可爱而又实用,而且与众不同。

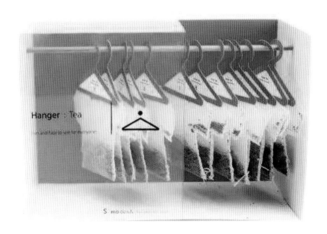

图 3-34   衣柜式茶包

实际上农产品包装的设计风格类型远不止上述原生态类型、时尚类型、区域特色文化类型和趣味类型这四种,只是上述四种相对更加常见。有更多的独特设计风格,等待被整理和发现。对于包装设计者来说,设计时需要随机应变,结合实际,不切实际地选择错误的包装风格类型,容易让人觉得不伦不类。

拓展资源

Baozhuang Sheji

第四章
酒产品包装设计

教学目标

通过对本章的学习,对酒产品包装设计的发展、特点有基本的认知,了解酒产品包装设计的图形设计、色彩设计及设计流程,掌握酒产品包装设计的方法。

教学重点

本章节重点是要求学习者充分了解酒产品包装设计的特点,通过对酒产品包装作品风格、特点的分析,使学习者掌握酒产品包装设计的方法。

实训课题

实训四:

通过各种渠道(实际案例、网络、图书馆等)收集图片或照片资料,分析酒产品包装设计的特点,并设计出一款酒产品包装。

第一节
酒产品包装的设计发展

中国的白酒酿造历史可以追溯到东汉时期,在几千年的发展过程中沉淀了深厚的华夏文化内涵,后人称之为酒文化。酒文化以酒为载体,是中国文化中弥足珍贵的组成部分。饮酒作为一种独特的社会活动参与到人们的社会生活之中,对政治、经济、文化艺术和民俗民风都产生了积极的影响,不同的地域和文化也形成了独具特色的酒文化。酒产品包装是指在保护酒产品、方便运输和促进销售的基础上,对酒产品自内而外地进行包装,具体包括外包装盒、酒容器设计以及图形、文字等视觉元素的设计和编排。随着经济全球化时代的到来,酒产品包装的设计不断进步,涌现出越来越多优秀的酒产品包装,酒产品包装设计市场的竞争也随之变得十分激烈。如何在全球化的经济环境下,突出中国自主酒品牌形象、吸引消费者成为众多酒类企业亟待摆脱的现实困境。现代酒产品包装设计需要从民族化、国际化和个性化三个方面多下功夫,才能在优胜劣汰的市场中站稳脚跟。

一、民族化

不同民族有不同的文化观念和意识,民族文化是受本民族自然条件及社会条件的影响和制约而形成的自己独有的语言、思维方式、价值观和审美观,是以人们的生活需要和信仰为基础的一种观念。酒产品包装设计文化作为民族文化的一部分,也必然会将这种观念和特征在设计中加以体现,并随时代的不断发展而更新和发展。众所周知,我国是一个拥有多民族、五千年文明的古国,不同地域都有其各自的地方特色。我国国土辽阔,跨越着不同的时区和气候带,巨大的地域差异和众多的民族孕育出了各具特点的文化习俗,同时也产生了独具地方文化特色的特产。如徽州的墨、砚,苏州的刺绣、折扇,景德镇的瓷器等,都是不同地区独有特色的代表。在华夏文明的各个历史时期中,勤劳而智慧的炎黄子孙都留下了风格各异的装饰遗产。

民族化的酒产品包装就是通过体现民族视觉形象来承载设计观念的一种表现形式,在设计中应对本土地域文化特征以及艺术表现形式加以提炼和升华,不能生搬硬套。设计师在对酒产品在进行包装设计的时候应将具有区域代表特色的元素融入其中。

二、国际化

随着时代的变迁,我国的酒类市场正发生着日新月异的变化。这种变化最主要体现消费者需求的变化上,消费者由早期经济实惠的低端市场占主导的消费需求逐步地转变为追求品质的中高端酒产品。在绿色设计的推动下,越来越多的设计师开始关注如何设计出不污染环境、不损害人体健康的酒产品包装,还提倡包装装饰应当简洁明了,认为过多的修饰内容只会造成互相干扰,使包装主题难以突出,不仅影响视觉冲击力,而且还可能误导消费者的思维。在进行酒产品包装设计时,设计师应当根据酒产品的属性、使用价值和消费群体等选择适当的包装材料,力求形式与内容的统一,并充分考虑节约生产加工时间,以免造成资源的浪费。根据视觉传达规律,在商品包装设计过程中,设计师应当尽量除去无谓的视觉元素,注重强化视觉主题,从而找出最具有创造性和表现力的视觉传达方式。

在白酒包装设计中单纯地应用民族化元素和国际化元素,也已经无法满足消费者和酒类市场的需求,必须加强推动民族化和国际化的结合,才能更好地得到消费者的认可。作为当代白酒包装设计者,必须转变传统的设计理念,大胆应用民族化元素和国际化元素。近年来,许多洋酒逐渐进入中国市场,这些洋酒在包装设计中不能完全采用西方元素,必须结合中华民族元素,在酒类的拼贴包装以及外包装盒上使用中国特有的文字、图形以及色彩元素,才能满足中国消费者的视觉需求,引起中国消费者的注意。同样,设计者在对我国的传统白酒进行包装设计时,也要考虑产品外销时符合当地消费者的审美,如"花田巷子"白酒系列,在产品的包装设计上就借鉴了日本清酒的设计风格,瓶体又与葡萄酒酒瓶造型相似,其版面设计既有东方韵味,又符合西方的审美要求。只有将中西相结合,并使两者和谐共存才能满足消费者对于酒产品的不同需求,这也是以后白酒包装设计发展的大势所趋。(见图4-1、图4-2)

图4-1　花田巷子白酒系列产品包装(一)

图4-2　花田巷子白酒系列产品包装(二)

三、个性化

随着国内经济的快速发展,目前国内酒品牌繁多,为了在激烈的市场竞争中能够脱颖而出,越来越多的酒生产企业开始注重个性化的酒产品包装。个性化的酒产品包装不仅有利于提升产品的销量,也能够很好地建立企业品牌形象。个性化包装已经成为品牌商用来吸引客户的有效工具之一。全球知名的饮料企业可口可乐通过为不同包装瓶印刷个性化的标签扩大了市场份额;伏特加设计了400万个独特的酒品个性化标签,受到消费者的喜爱。一些发展规模较大的酒类企业,如汾酒,为了满足不同类型的消费者的需求,也会创建多个子品牌,推出青花汾酒、竹叶青酒、老白汾酒和国藏汾酒等,不同的子品牌也会以差异化和个性化的酒产品包装来进行区分。例如汾酒系列竹叶青酒推崇的是养生,主要针对的也是低端酒产品市场,因此产品的整体包装设计都要求体现出传统简约的风格;而青花汾酒主要针对的是中端酒产品市场,选择了制作工艺更为复杂的陶瓷瓶,相比竹叶青汾酒的玻璃瓶也更加彰显了产品的品质,手写艺术字"汾"也提升了青花汾酒的艺术品位,给青花汾酒增加了文化内涵,使青花汾酒更好地契合了中端消费者市场的需求。也正是由于差异化的系列子品牌包装,汾酒品牌更好地夯实了自己的消费市场占有率。

第二节
走进酒包装——汾酒产品包装设计

随着我国白酒市场的发展,市场上白酒产品多样化与企业之间产品同质化日趋明显,企业赢得竞争不仅依赖于提高产品的质量,而且将更多依赖于精准的品牌定位和突出的品牌个性。目前许多白酒产品缺乏品牌特色文化,出现诸如品牌出现历史文化空洞、与消费者关联度低、包装同质化、品牌延伸过多导致品牌定位模糊等问题。对此,本节以汾酒产品包装为例分析品牌文化在白酒包装设计中的内涵、表现形式以及色彩心理与功能等方面的研究,以帮助学习者更准确地理解白酒包装。

一、汾酒产品包装设计的品牌文化内涵

品牌文化就是指通过建立一种清晰的品牌定位,在品牌定位的基础上,利用各种内外部传播途径形成受众对品牌在精神上的高度认同,从而形成一种文化氛围,通过这种文化氛围形成很强的客户忠诚度。这种忠诚度是将物质与精神高度合一的境界,人物合一是对品牌文化的总结。汾酒的品牌文化以"国酒之源,清香之祖,文化之根"的品牌定位为底蕴,集历史文化、清香文化、诗酒文化优势于一身,初步形成了中高档、高档、超高档合理的品牌结构。中端老白汾系列以"老工艺、老味道、老白汾"为品牌诉求,满足人的"社交、尊重"的高端需要。国藏汾酒是清香型的代表,也是汾酒集团超高端产品形象的代表品牌,多为收藏或者国宴用酒。青花汾酒以"开启尊贵生活"为品牌诉求,符合高端商务人士对"品质"及"尊贵"的追求。低端酒主要是光瓶汾酒和光瓶竹叶青酒等。其中竹叶青酒以"千年传承植物养生"为品牌定位,既说明了竹叶青酒的悠久历史,也体现了人们对"回归自然"的健康诉求。(见图4-3、图4-4、图4-5、图4-6)

图 4-3　老白汾酒产品包装

图 4-4　国藏汾酒产品包装

图 4-5　青花汾酒产品包装

图 4-6　竹叶青酒产品包装

二、汾酒产品包装设计中品牌文化的诠释与表现

包装往往是产品与消费者沟通的第一道桥梁。汾酒的品牌文化内涵需要通过文字、图形、色彩、材质、造型等这些包装设计的形式元素来诠释和实施,它们被用于传达品牌文化的整体思路,充分将品牌文化的内涵以外在的形式表达出来,达到内外和谐统一,使人享受"饮美酒、品文化、怡心神"的美感。

1. 商标的延续使用奠定品牌形象

商标是商品特殊的识别标志,是品牌识别的重要组成部分。在民国商业美术的鼎盛时期,晋商杨德龄率先设计并注册了中国白酒业的第一枚商标——高粱穗汾酒商标(见图4-7)。商标主体图案由23颗饱满的高粱环形围绕五株高粱麦穗组成,该图案下置有"汾酒",荣获"巴拿马赛会一等金质奖章"图案、"山西展览会最优等奖章"图案。三个圆形图案打破了商标整体结构的呆板,画面产生均衡跳跃的感觉。

　　杏花村是中国白酒和酒文化的发祥地之一,4000年悠久的历史使汾酒形成了丰厚的文化底蕴,数千年来为历代帝王将相、文人雅士和广大普通百姓所喜爱,留下"借问酒家何处有? 牧童遥指杏花村"诗句。汾酒产品包装商标如图4-8、图4-9所示。图4-9所示的商标整体形如一枚杏花红印,以怒放的杏花为外框展示出强大厚重的企业生命力,寓意汾酒"诚信天下"的庄严承诺;商标以中国红为基本色调,吉祥的红寓意喜庆、热烈、激情、斗志,演绎着汾酒的创新与开放、激情与梦想,象征着杏花村汾酒的勃勃生机;外框内部杏花锦簇、酒肆如市,一派繁荣、祥和之景,再现出千年前杏花村"杏帘在望"的热闹场景。

图 4-7　高粱穗汾酒商标

图 4-8　汾酒产品包装商标(一)　　图 4-9　汾酒产品包装商标(二)

2. 包装造型的持续跟进产生连续的品牌效应

　　在美学上,造型的影响力是无与伦比的。根据产品的个性特质,为产品设计独特的外形,有助于使产品与其他品牌的同类产品区别开来,这不仅使产品能以独特的品牌形象出现,还能增加产品的销量。

　　在中华人民共和国成立后至20世纪80年代的这一时期,经典的酒瓶造型多为手榴弹形和坛罐形,常用于中低档汾酒,打造"老百姓的汾酒"品牌,表达的是一种简约、亲切、平民的文化含义。因为一直沿用,所以这两种包装设计已经深入人心,彰显出汾酒"不变的品质""历史文化的传承"的品牌文化定位。然而只有不断深入、不断加强、不断赋予新元素的外形包装才是延续品牌生命力的有效手段,也是汾酒集团适应时代发展要求的必要手段。汾酒"古井酒"采用"古井"的瓶形,融合了时尚和古老的文明,巧妙地讲述了酿酒所选用的杏花村独特水质的品牌故事,打造出让人过目不忘的品牌形象。杜牧的"牧童遥指杏花村"也给汾酒包装设计提供了丰富的素材。基于汾酒在市场上已拥有的知名度与美誉度,古井酒采用了意向化的包装形式,以企业吉祥物牧童的造型作为瓶形,给消费者带来了美感和文化内涵的精神享受,提升了汾酒的文化附加值,进一步赢得了消费者的青睐。最为精典的要数高档汾酒国藏汾酒的包装造型——宝玉坛造型。此外,竹叶青酒还提炼了竹子或古井亭的造型元素应用于内外包装。汾酒容器结合了独特的酒文化及相关地域文化,使得酒瓶形态惟妙惟肖、个性张扬,在很大程度上体现了该品牌时尚性和时代要求的文化魅力,产

生了连续的品牌文化效应。(见图 4-10、图 4-11、图 4-12)

图 4-10　汾酒产品包装(一)　　　　图 4-11　汾酒产品包装(二)

3. 图形元素体现汾酒文化之根的地域性和民族性

　　图形符号既可以是镜像的,也可以是象征性的。图形符号要起到传情达意的作用必须以情感为依托,并借助于象征手段的运用。字体的图形化特征历来也是设计师们青睐的设计素材。源远流长的中国书法,是中华民族文化的精髓,也是中国文化的形象代表,具有高度的装饰性和艺术性。改革开放以来,酿酒企业越来越重视对酒产品包装的美化。为了使酒产品更具文化气息,有的酿酒企业直接请名人、名家为其酒产品题名、作诗,或直接将名人、名家的书法作品搬上了酒瓶。所以,酒瓶也成了书法艺术的载体。酒瓶上的书法艺术,有的飘逸潇洒,有的端庄秀美。青花汾酒的瓶身以"汾"字为主要图形元素,从汉字发展的角度演绎了汾酒悠久浓郁的酒文化,创造了"文化之根"的品牌特色和价值。(见图 4-13)

图 4-12　汾酒产品包装(三)　　　　图 4-13　汾酒产品包装(四)

4. 合理选择色彩有助于确立并提升品牌形象

色彩是品牌运作中很重要的一个环节,它能确立品牌的定位、提升品牌的价值、激发消费者的购买欲。色彩的力量对于品牌形象来说十分重要,不同的色彩能够传达出不同的品牌含义、联想和信息。色彩的含义广泛而丰富,最为重要的是,它们在文化上是独立的。在决定品牌色彩前,必须理解其产品本身的品质特点和文化背景。设计时,必须考虑竞争对手所选颜色,考虑品牌定位是要融入一类产品,还是要脱颖而出。汾酒产品包装设计合理利用色彩的情感象征性,运用节奏与韵律、亮丽与独特的色彩进行设计,准确地传递产品信息,有利于品牌形象的建立和情感性文化的传达。汾酒产品包装的色彩注重传达与目标消费者相关的信息。吉祥汾酒采用经典的蓝色包装,青花瓷的蓝衬托出了清香型风格白酒的纯净品质,似乎也让人体味到了历史悠久的汾酒文化。色彩还与特定的趣味和品质联系在一起,考虑到产品的特性及消费者的心理。竹叶青酒作为一种保健酒,色泽金黄,微带绿。在竹叶青酒系列的包装设计中大量采用竹子的绿色为包装的主色调,体现竹叶青酒"千年传承,植物养生"的品牌传播诉求。因此,在包装设计中色彩对于烘托主题、美化产品、提升品牌价值等方面都起着重要的作用。(见图4-14、图4-15)

图 4-14　汾酒产品包装(五)　　　　图 4-15　汾酒产品包装(六)

5. 材质的合理选用表现品牌文化内涵

许多不同的材料都能用来保护一个产品免受损害,而品牌定位则影响了材料的选用。

基于品牌文化可以选用不同的材料,以满足不同消费者的情感需求,这种以消费者为导向的定位结合了消费者的需求心理、文化背景、消费观念、审美观等特定需求,容易与消费者产生情感共鸣,表现产品的品牌文化内涵。在全球化的今天,民族文化和国际文化相互碰撞,具有艺术个性的陶瓷酒瓶设计也是体现酒文化内涵的创新手段。高端产品青花汾酒,是陈酿三十年的汾酒,绵柔醇厚,丰满圆润,回甜爽净,余味悠长。它选用中国核心文化要素国瓷青花瓷为外包装酒瓶,瓶身由被誉为"玲珑之子"的著名国际陶瓷艺术家王宗涛设计。该包装瓷质细腻柔和,釉色图案可人、高贵典雅,瓷瓶轻型简便、不腐不蚀,实为瓷器之精品,也是名副其实的与中华"瓷酒国粹"文化相结合的经典之作,体现出自然的、文化的、现代的汾酒文化内涵。石以奇为美,以奇石制成酒器往往为文人名士所喜爱。汾酒的超高端产品国藏汾酒,瓶子采用红白相间、类

似玉石的材质,显出国酒的高贵和喜庆祥和的文化内涵及个性。白玉汾酒也采用类似汉白玉材质来表现"酒如玉,情如玉"的品牌文化诉求。

此外,包装盒的材料还广泛采用纸;少数高端酒品牌则用绢、木或皮来彰显古朴高贵的身价,将酒的古朴内涵发挥到极致。

由上述关于汾酒产品包装设计的品牌文化特色的分析可知,通过包装的创新设计来提升汾酒品牌文化特色时应注意以下几个方面:首先,在延伸产品时要注意要挖掘"古井亭""义泉涌"等代表汾酒历史文化底蕴的商标含义,使汾酒千年累积的美誉度、质量度、信任度等文化积淀在品牌文化中,得到充分的体现;其次,基于各系列汾酒明确的品牌文化诉求,在进行包装设计创新时既要注意塑造统一、明确的名牌形象,也要充分体现区别于竞争品牌的品牌诉求,避免开发品种泛滥而造成市场混乱,弱化品牌形象;最后,开发并确立一些在设计阶段提出、发展起来的关键品牌定位,以突出汾酒积极的、令人满意的品质。可以在包装中使用表现汾酒最强烈属性的元素与形式,或复制并展示产品的某关键属性,并将之转化为消费者无法抵挡的购买欲望。

第三节
酒产品包装设计制作流程

酒产品包装设计的目的是宣传酒产品、美化酒产品、赢得市场、创造社会效益和经济效益。为了达到这一目的,设计者在开始对酒产品包装进行设计前需要对所要设计的主题进行科学调研、详细的了解和准确定位。这样做,酒产品包装设计才能对产品的销售结果产生积极的影响。

酒是文化的载体。随着科技的高速发展,酒的品种越来越多,酒的分类方法也越来越多。酒是逢年过节礼尚往来的馈赠佳品,也是日常生活中一些人的嗜好之物。如今市面上的酒类包装众多,人们对产品的包装除了要求其具有实用价值外,还要求其顺应现代的审美潮流,追求美的情调和心理感受。一般来讲,酒类包装设计具有市场调研、设计创意、设计制作等几个大的设计流程。

一、市场调研

1. 市场调研的目的

通过市场调研要达到以下目的:

(1)调查研究影响市场定位的各种因素,确认目标市场的竞争优势,以及竞争者的定位状况。

(2)明确自己的竞争优势,选择适当的定位战略,明确设计策略以及目标消费群体对产品的评价标准。

(3)准确地传播企业的形象,深入挖掘目标市场潜在的竞争优势。

2. 调研的方法

调研的方法可分为直接调查与间接调查。直接调查一般是卖场调查、开会调查、个别专访等,这样可以得到一线的材料;间接调查则通过营业员、销售人员、调查表得到所需的信息。调研具体实施方法有以下三种：

（1）访问法。

访问法按不同的调查方式可分为面谈调查、邮寄调查、电话调查和留言调查等。

（2）观察法。

观察法是指通过对产品包装现状、竞争品牌和学习品牌的产品包装进行观察，掌握产品的营销情况。

（3）实验法。

实验法是指通过小规模实验来研究是否对产品进行大规模推广。各类展销会、试销会、交易会、订货会可视为这方面的调查形式。

3. 市场调研的对象与内容

（1）事前调研。

在进行设计之前，设计者要对原有的产品包装进行销售计划、销售方式、市场信息（消费者的需求、商品价格、包装成本……）等方面的调查与研究。

（2）市场调研。

包装由于设计是建立在为企业商品销售服务的基础上的，因而也必须符合市场需求。因此，设计者除了具有一定的理论知识外，还需要掌握一定的市场情况。设计者生活在现代社会不能对时代潮流、流行趋势一无所知，对这些有了一定的把握，才能做出符合现代人审美观念的设计，否则跟不上时代的设计会是很失败的。

（3）对象所需。

这里的对象往往包括两种：企业客户和消费大众。设计者揣摩消费大众的喜好与需求，真正将消费大众所喜好和需求的东西放入酒产品包装设计中才能使酒产品自然而然地走到消费者的手中。

不同性别、年龄、民族、社会经历使消费者养成不同的消费习惯，形成不同的兴趣、爱好，产生不同的个性，进一步产生对美的不同理解，因此设计者首先要对酒产品进行定位，然后针对消费群体的审美取向来定位酒产品包装的风格、档次。如五粮液黄金酒（35 度），以清香型白酒为酒基，加入六味中药，采用古法酿造，由于含有重要成分，很适合送给长辈，是为一款典型为老年人消费群体量身定做的、以礼品酒为营销谋略的保健白酒。它在酒瓶造型上沿袭了五粮液酒"萝卜形"的经典造型，意在黄金酒以五粮液公司优质白酒为酒基，保证了酒的品质；取在民间有"硕大、贵重"之意的"金元宝"为图形设计元素，表现出了送礼人对收礼对象的尊重之情。（见图 4-16）

总之，消费者的消费需求是多种多样的，而且没有常态，不易固定，受到自身和外界的多种影响。在现代，时代和社会环境的变迁从方方面面左右着消费者的心理。

（4）产品调研。

通过对产品本身的调查，收集有关产品自身的各种信息，例如：产品品牌的知名度和档次；产品的属性和特点；产品的用途、功能、性能和使用价值；产品的质量与生命周期；生产产品所采用的原材料、工艺和技术；成本、价格和利润；产品生产者对包装的喜好、产品生产者的历史等。

图 4-16　黄金酒包装

（5）包装调研。

通过对同类产品包装设计的调查，了解有关同类产品包装设计的信息，例如：包装的功能；包装容器的材料、尺寸、技术与工艺；包装的结构、形式；表现手法与表现风格；包装的广告效应等。

（6）社会因素。

现实生活会改变消费者的心理需求，影响消费者心理的发展和变化。人始终生活在一个社会团体中，会参考团体的意见。这种团体，可能是所属团体，也可能是内心理想中的非所属团体。这种参考主要具有可导性和时代性。可导性表现在文化艺术的熏陶，包装、广告的诱导，他人推荐等方面。时代性表现在：随着生产技术的进步、时尚潮流的变化、消费者消费观念的革新，消费者的心理需求会不断地演变，根据不同时期和不同的社会环境，人们会对某些产品产生特殊的时代情感，并具有那个时代的特征。

4. 市场调研的实施

进行市场调研的方法很多，对于设计者来说，由于时间与经费的关系，只能选择一些具有实际可操作性的方法。设计者可以采取主观观察的方法，从设计的角度对包装在市场上的情况进行观察，收集资料。最常见的调研方法是设计一种特定的调研表，在选定的消费群体中进行问卷调研。以下是"猛犸"啤酒产品包装设计的调研问卷：

"猛犸"啤酒产品包装设计的调研问卷

为了研究改进"猛犸"啤酒产品的包装设计，提高包装设计的品质，请您针对问卷问题提供宝贵意见。我们会对您的信息保密，谢谢您的帮助！

访问对象姓名：

访问对象联系电话：

访问地点：

访问时间：

性别：○男　○女

年龄：○1～15岁　○16～20岁　○21～25岁　○26～35岁　○36～45岁　○46岁及以上

教育程度：○小学　○初中　○高中　○大专以上　○其他

职业：○学生　○工人　○农民　○商人　○军人　○公务员　○白领　○其他

经济收入：○1000元以下　○1001～1500元　○1501～2000元　○2001～3000元　○3001元及以上

1.您平时喜欢什么品牌的啤酒？

2.您会因为什么原因去购买此品牌的啤酒？

○品牌的爱好　○包装的精美　○口味的喜好　○价格适宜　○送礼　○促销

3.您会在什么地方购买啤酒？

○超市商场　○便利店　○批发市场　○小摊贩

4.您会接受什么价位的啤酒？

○10～15元　○16～20元　○21～30元　○31～50元　○51元及以上

5.您会喜欢什么包装的啤酒？

○档次高　○体现啤酒的精神品位　○体现价廉物美　○包装漂亮就行

6.您一般什么时候购买啤酒？

○节日送礼　○生日送礼　○自己想喝时随时

7.您会因为什么原因去购买啤酒？

○啤酒的感觉　○口味的喜欢　○啤酒包装的喜欢　○调节口味　○送礼需要　○知名度高　○其他

8. 在市场上"猛犸"啤酒产品的知名度如何?

○很熟悉　○较熟悉　○听说过　○没有听说

9. 您认为"猛犸"啤酒产品包装吸引您的因素是什么?

○品牌　○名称　○色彩　○图形　○文字　○结构　○材质　○工艺　○其他

10. 对现在"猛犸"啤酒产品包装,您认为存在的问题是什么?

○色彩不适合　○文字呆板　○图形运用不恰当　○品牌标识落后　○画面的编排不新颖　○包装结构不适宜　○没有创意　○产品文化内涵不够　○品牌精神不到位

11. 您通常是购买简装还是礼品装?

○简装　○礼品装

12. 您对"猛犸"啤酒产品包装改进有何见解?

5. 市场调研结果的总结

在对酒产品进行市场调研时,设计者多方收集信息,并在此基础上对调研进行总结,根据需要写出调研报告。调研报告要对调研内容进行客观性的整理、归纳,调研收集的材料与最后结论要保持一致,并提出设计中所需要解决的问题重点与解决问题的方法,激发创意。

二、设计创意

构思是设计的灵魂。在设计创作中很难制定固定的构思方法和构思程序之类的公式。创作多是由不成熟到成熟的,在这一过程中肯定一些或否定一些,修改一些或补充一些,是正常的现象。构思的核心在于考虑表现什么和如何表现这两个问题。回答这两个问题即要解决以下四点:表现重点、表现角度、表现手法和表现形式。如同作战一样,重点是攻击目标,角度是突破口,手法是战术,形式则是武器,其中任何一个环节处理不好都会导致前功尽弃。

1. 表现重点

重点是指表现内容的集中点。包装设计在有限画面内进行,这是空间上的局限性。同时,包装在销售中在短时间内为购买者所认识,这是时间上的局限性。这种时空限制要求包装设计不能盲目求全、面面俱到,什么都放上去等于什么都没有。

2. 表现角度

这是确定表现形式后的深化,即找到主攻目标后还要有具体确定的突破口。如果以商标、牌号为表现重点,是表现形象,还是表现商标、牌号所具有的某种含义?如果以商品本身为表现重点,是表现商品的外在形象,还是表现商品的某种内在属性?是表现其组成成分还是表现其功能效用?事物都有不同的认识角度,在表现上比较集中于一个角度,将有益于突出表现的鲜明性。

3. 表现手法

就像表现重点与表现角度好比目标与突破口一样,表现手法可以说是一个战术问题。表现的重点和角度主要是解决表现什么。这只是解决了一半的问题。好的表现手法和表现形式是设计的生机所在。

不论如何表现,都要表现内容、表现内容的某种特点。从广义看,任何事物都必须具有自身的特殊性,

任何事物都必须与其他某些事物有一定的关联。要表现一个对象，有两种基本手法：直接表现和间接表现。

（1）直接表现。直接表现是指表现重点是内容物本身，包括表现内容物的外观形态或用途、用法等。最常用的方法是运用摄影图片或开窗来表现。

除了客观地直接表现外，还有以下一些运用辅助性方式的直接表现手法。

衬托：可以使主体得到更充分的表现。衬托的形象可以是具象的，也可以是抽象的，处理中注意不要喧宾夺主。

对比：衬托的一种转化形式，又叫作反衬，即从反面衬托，使主体在反衬对比中得到更强烈的表现。对比部分可以是具象的，也可以是抽象的。在直接表现中，也可以用改变主体形象的办法来使主体形象的主要特征更加突出。归纳与夸张是比较常用的对比手法。归纳是以简化求鲜明，而夸张是以变化求突出，二者的共同点是均对主体形象做一些改变。夸张不但有所取舍，而且还有所强调，使主体形象虽然不合理，但是合情。这种手法在我国民间剪纸、泥玩具、皮影造型和国外卡通艺术中都有许多生动的例子，富有浪漫情趣。包装画面的夸张一般要注意表现出可爱、生动、有趣的特点，而不宜采用丑化的形式。

特写：大取大舍，以局部表现整体，使主体的特点得到更为集中的表现。

（2）间接表现。间接表现是比较内在的表现手法，即画面上不出现表现的对象本身，而借助于其他有关的事物来表现该对象。这种手法具有更加宽广的表现，在构思上往往用于表现内容物的某种属性或牌号、意念等。

就产品来说，有的东西无法直接进行表现，如香水、酒、洗衣粉等。这就需要用间接表现手法来处理。另外，许多可以直接表现的产品，为了求得新颖、独特、多变的表现效果，也往往从间接表现上求新、求变。

间接表现的手法有比喻、联想和象征。

比喻：借他物比此物，是由此及彼的手法，所采用的比喻成分必须是大多数人共同了解的具体事物、具体形象，这就要求设计者具有比较丰富的生活知识和较高的文化修养。

联想：借助于某种形象引导观者的认识向一定方向集中，由观者产生的联想来补充画面上所没有直接交代的东西。这也是一种由此及彼的表现方法。人们在观看一件设计作品时，并不只是简单的视觉接受，而总会产生一定的心理活动。一定心理活动的意识，取决于设计的表现，这是联想手法应用的心理基础。联想手法所借助的媒介形象比比喻形象更为灵活，它可以具象的，也可以抽象的。各种具体的、抽象的形象都可以引起人们一定的联想：人们可以由具象的鲜花想到幸福，由蝌蚪想到青蛙，由金字塔想到埃及，由落叶想到秋天等；又可以由抽象的木纹想到山河，由水平线想到天海之际，由绿色想到草原森林，由流水想到逝去的时光。

象征：是比喻与联想相结合的转化，在表现的含义上更为抽象，在表现的形式上更为丰富。在包装装潢设计中，在大多数人共同认识的基础上，象征主要用于表达牌号的某种含义和某种商品的抽象属性。与比喻和联想相比，象征更加理性、含蓄。象征的媒介在含义的表达上应当具有一种不能任意变动的永久性。在象征表现中，色彩的象征性的运用很重要。

装饰：在间接表现方面，一些礼品包装往往不直接采用比喻、联想和象征手法，而以装饰性的手法进行表现。需要指出的是，这种装饰性应注意一定的取向性，用这种性质来引导观者的感受。

4. 表现形式

表现的形式与手法都是解决如何表现的问题，形式是外在的武器，是设计表达的具体语言，是设计的视觉传达。对于表现形式的考虑包括以下一些方面。

第一，主体图表与非主体图形如何设计；用照片还是用绘画；具象还是抽象；写实还是写意；归纳还是夸张;是否采用一定的工艺形式;面积大小如何等。

第二,色彩总的基调如何;各部分色块的色相、明度、纯度如何把握,不同色块之间的相互关系如何等。

第三,牌号与品名字体如何设计;字体的大小如何。

第四,商标、主体文字与主体图形的位置编排如何处理;形、色、字各部分之间的构成关系如何;以一种什么样的编排来进行构成。

第五,是否要加以辅助性的装饰处理;在使用金、银和肌理、质地变化方面如何考虑等。

这些都要在形式考虑的全过程中具体推敲。

三、设计制作

现代设计已不同于传统的手绘,它可借助电脑来达成完美的表现,因此除了有好的创意、好的构思外,设计者还需掌握好电脑设计软件,才能将设计最终表现出来。在做包装设计时常用的电脑设计软件有 Photoshop、AI 等,学习者可以根据自己所做包装的具体情况来选择使用某一或某几种设计软件。因此,这也就需要学习者在平时就熟练掌握好几种软件,这样在设计时才可灵活运用,做出达到满意效果的作品来。当然,除了以上设计程序外,还有一些其他因素影响着包装设计的最终效果,设计者应在设计制作的过程之中全方位地考虑,以设计出应有的设计效果。(见图 4-17、图 4-18、图 4-19)

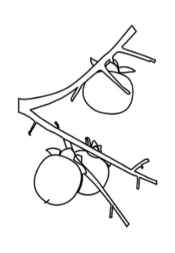

图 4-17　金柿酒产品包装　　　　图 4-18　金柿酒产品包装　　　　图 4-19　金柿酒产品包装
　　　　　设计(一)　　　　　　　　　　　设计(二)　　　　　　　　　　　设计(三)

1. 装潢设计

装潢设计是酒盒设计的灵魂,包装设计人员必须先了解酒产品的历史渊源和文化背景,知晓酒产品的香型类别、醇烈特质等基本信息,然后从专业的设计角度赋予酒产品独特的货架形象,渲染酒产品的地域特点和内涵特质。同时,包装设计人员还要掌握最新的印刷技术和工艺实现情况,积极听取印刷技术人员的建议,并适当融入防伪措施,以达到在促进销售的同时维护消费者合法利益的目的。

2. 盒型设计

盒型设计是酒盒设计的躯干,酒盒诱人的"身姿"总能赋予酒产品以"鹤立鸡群"的货架效果,以此来刺激消费者的购买欲。目前,酒盒的盒型设计主要是指盒型结构的变化设计,通常包括盒体结构变化设计和盒盖结构变化设计。

3. 印前加工

在设计酒产品包装时,不光要考虑外包装表现的思想性、真实性、艺术性,还要兼顾到印刷工艺的特点,从而提高表现效果。在酒产品包装印前设计中应注意以下问题:

(1)印前工艺人员应仔细体会包装设计人员的设计理念,充分理解包装设计人员的构思意境,认真编排印前工艺文件,合理进行陷印互压参数选择、出血尺寸设定、盒面搭接避让等工艺处理,不合开数的设计稿即使再出色,也会造成纸张浪费,因此,设计人员手边最好备有一份纸张开数表,以便随时参考,确保酒盒最大限度地符合设计意愿。

(2)在设计酒包装时应注意恰当地选择纸张种类,如彩色印刷的商业酒瓶贴可选用单面铜版纸,纸张定量可以低一些;巧妙利用不同纸张面的纹理效果,针对设计内容的不同而选用布纹纸、蛋壳纹纸、光面纸等,以达到更佳的设计和宣传效果。许多酒产品包装手提袋用于走亲访友,除了选择耐用的优质纸张外,印刷时还要注意使用不易褪色的优质油墨。

(3)准备制版的图片,在设计稿的尺寸上要以原稿尺寸为准按比例放大或缩小。根据设计需要,对图片中不必要的内容进行裁剪或挖空处理。

(4)印刷操作人员应遵循"套印精度高的色序紧邻"的原则合理安排印刷色序,选择适宜的印刷压力和印刷速度进行印刷作业,并不时比对标准样张,以检查印刷品的印刷质量。设计人员手边应备有一本印刷色谱,供选择色彩时用,设计色彩应尽量采用黄、品红、青、黑四色进行组合搭配,少用专色,以避免大成本。在设计中还应避免用大面积的深色作底色。

(5)在设计酒产品包装文字时应避免用斜体字和过于细小的文字;字号较小的仿宋字不宜采用反白字;黑体字的字号不宜太小。另外,浅底色的文字不宜设计成反白字,深底色上的文字颜色不宜过深。

(6)印后加工主要承担着对酒盒进行表面整饰及盒体成型的任务,一般包括覆膜/上光、烫印、压纹/凹凸、模切压痕、贴窗、糊盒等工序。在设计时应尽量避免用大面积深色作底色,以免覆膜过程中产生的气泡过于明显,影响酒产品包装的美观。印后操作人员应高度关注每一道印后加工工序的关键控制点,以杜绝质量缺陷的发生。

拓展资源

Baozhuang Sheji

第五章
礼品包装设计

Baozhuang Sheji

> **教学目标**

通过对本章的学习,对礼品包装设计的功能有基本的认知,了解礼品包装设计的类型、具有地域特色的礼品包装设计的特点,以及礼品包装设计的发展趋势,掌握礼品包装设计的流程。

> **教学重点**

本章节重点是要求学习者充分了解礼品包装设计的分类和特点,通过对大量优秀礼品包装作品的分析,使学习者掌握礼品包装设计的流程。

> **实训课题**

实训五:

通过各种渠道(实际案例、网络、图书馆等)收集图片或照片资料,分析礼品包装设计的特点,并设计出一款礼品包装。

第一节
礼品包装设计综述

中国被称为文明古国、礼仪之邦,在五千年的历史长河中,创造了灿烂的文化。礼文化中"仁者爱人"的思想,即直接诉诸日常生活中人与人之间最普遍,亦是最不可或缺的心理情感,是人与人之间的心理得以沟通的纽带,对纯粹情感的关注应有感而发(见图5-1)。从一定程度上看,礼文化的思想观启发了现代礼品包装设计哲学层面的价值思考;另一方面,礼文化为礼品包装设计提供了人本基础和考量尺度。

图 5-1　古代礼仪文化

中国自古以来就有礼俗文化,对礼品的送、回都很有讲究。礼品,是馈赠文化中的一种表现形式、物质载体,承载着心意及心境,诉说着品味和情趣;礼品包装,是针对礼品而生的特别包装。礼品包装的设计,比一般的商品包装更为讲究,更为用心,为的是表达以礼会友的心愿和以礼敬人的祝福。

中国礼文化的内涵和外延都表明礼文化不仅仅是行为准则和仪式礼节,更多的是提高情感品质、环境品质、生命品质。以天、地、人的和谐为目标,达到"天人合一",是中国设计审美所追求的最高境界。

当然,礼品包装设计要想获得长久的发展,就必须与中国本土文化紧密结合。设计师需要不断进行大胆的尝试和不懈的努力,通过自身的认识和理解,用独特而具有浓烈中国文化元素的语言形式和强烈的民族情怀来诠释中国特色的礼品文化。这也是专业工匠精神的体现。

礼品包装设计的基本特征基本概括为文化功能、情感功能和审美功能。

一、文化功能

文化功能主要指的是礼品包装设计涉及各种形态的文化内容。作为礼品的承载物,礼品包装是以表达情感为目的进行设计的。礼品包装设计的文化性体现在礼品包装是否具有打动人心的内在力量和深度上。从一般意义上来说,礼品包装设计的造型及视觉元素,应凝练着生活情感、理想追求和文化品位。礼品包装设计最终满足心理需求、情感需求及社会文化的需求,这就是礼品包装设计的文化内涵。图5-2所示的作品主要图形元素是南京秦淮河畔的鼓楼、城墙、房屋等景色,体现出南京雨花茶生产地所处的地域的文化特色。

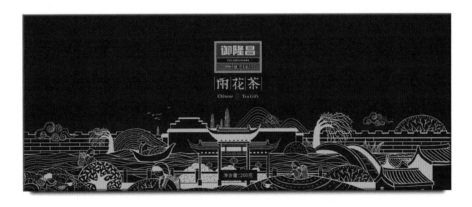

图 5-2 雨花茶包装

二、情感功能

情感功能中的情感要素体现在礼品包装设计中,包括身份感、品味,以及历史、文化和快乐的体验等。这些功效的显现取决于设计师的情感经验和文化素养。就视觉元素而言,包装设计中的线条或色彩本身是没有任何情绪的,但通过情感经验的积累,对线条的运用能使人感到粗线的坚实、弧线的柔软、折线的速度、曲线的流畅等,这些能唤起美感体验的包装设计,都是情感经验积累的结果。再如为适应不同人群对礼品包装文字识别、色彩认知、图形感知等方面的要求,也都是情感的价值在设计环节中的体现。

图 5-3 所示的绿水青山包装表达的是绿水青山就是金山银山,这句举国皆知的话,再次传达出在经济高速发展后,转向更美好的自然生活的内心需求,并反复强调自然、环保、循环使用的一系列的情感理念。在此情感理念的吸引下,选取最能表达绿水青山的茶及茶器。作为产品本身,茶为茉莉绿茶中的顶级芽毫,以福鼎大白绿芽为底,用广西横县茉莉窨制八遍而成,汤色黄绿,花香高昂,饮之愉悦,是为"绿水";器为景德镇瓷器,一壶两杯,由景德镇"观著"文创团队所做,器绘青山。青山泡绿水,身心健康,整个礼盒由松木制成,给人以自然之感,盒盖巧妙设计成相框、画框,可置于桌上、墙上循环使用。这正是绿水青山的初心。

图 5-3 绿水青山包装

续图 5-3

三、审美功能

礼品包装的特殊性,使它在视觉传递上偏重于高雅、华丽、贵重的感觉,而不在于商品本身的信息传递。因此通常礼品包装的造型、装饰都有较高的艺术性,礼品包装设计的审美功能,既作用于对艺术形象的把握中,也作用于对内在意蕴美的感悟上。和谐的美感,贯穿整个形式美的法则,如变化和统一、均衡和对称、对比和调和、节奏和韵律等,既统一有序又变化多样,产生出和而不同的变奏曲。礼品包装从内部到外观、从装饰到工艺、从细节到整体,力求达到形象的尽善尽美。礼品包装所具有的感性审美,体现出礼品应有的礼节性与尊贵感。礼品包装是人与人之间情感的交流、感情的寄托,而且以可以动人的艺术形象和雅致格调,引起美的愉悦,使人感到情深谊长。

图 5-4 所示的曲小红酒包装在造型提炼上,对唐三彩马的造型进行夸张处理,体态丰腴,脚尖,腿短小而有力,悠闲自得的优雅造型配上华丽的马鞍,再装饰上传统的花纹。马身上有蝙蝠纹样,寓意"马上有福"。该包装在颜色上提取与唐三彩接近的颜色。另外,白色区域的纹样造型是唐代的铜镜造型。唐代是中国铜

镜制造的鼎盛时期,唐代的铜镜不仅继承了汉魏的文化传统,而且吸收了边疆民族的艺术成就。该纹样造型借鉴莲花造型,外围花纹用唐代流行的缠枝花纹装饰,内圆提取西安曲江修建于唐朝时期的大雁塔搭配荷花、小鸟、装饰画花纹,整体协调美观。

图 5-4　曲小红酒包装

第二节
礼品包装的创作思维脉络

礼品包装的创作思维脉络基本上可以概括为礼品包装设计的基本流程。首先是设计对象的确定。一般来说,主题的确定有两种,一种是商业命题,另外一种是概念命题。商业命题一般是商业设计任务或企业商业命题,概念命题可以是公益的主题或虚拟的概念主题。

在确定主题之后需要做的是市场的调研,主要是做国内外优秀包装以及同类礼品包装的现状调研和分析,然后形成调研报告,最终得出自己的设计方向,根据确定的设计方向进行头脑风暴,对方案进行筛选,同时经过讨论得出最终的方案雏形。

接下来就是对设计方案的深入。对设计方案的深入主要包括包装结构的优化创新、视觉画面的装潢设计、设计材料的挑选以及设计工艺的选择等。在这些基本完成后,一定要把控好设计细节的校正,包括设计中的色彩格式、文字内容、字体规范、出血规范等。

最后就可以进行设计小样的制作,根据小样中的错误进行二次的调整设计。

当然,礼品的包装设计流程非常复杂,这里只是一个基本的设计流程,希望大家在后面的课程学习中慢慢体会。

一、礼品包装设计细节的表达

在确定礼品包装设计主题后,我们首先要考虑礼品的包装容量,然后要思考适合的包装结构。在通常情况下,在盒型结构中,礼盒包装的造型以稳重为主,要考虑的因素有协调性、对称与平衡、尺寸等。礼盒有多种的结构,如翻盖式、抽屉式、组合式、天地盖式等。

图 5-5 所示的耕茗谷茶叶包装在结构上,打破了常规的长方形、正方形,采用的是 L 形结构,两个 L 形的结构又可以巧妙地组成一个长方形,这样既确保了礼盒结构的独特性,又解决了异形结构运输困难的难题。

图 5-5　耕茗谷茶叶包装

图 5-6 所示是由郑州你好大海品牌设计有限公司设计的长物礼品包装。该礼盒内的物品较多,有茶叶、餐盘、茶具、卡片等物件。该礼盒在外盒设计上,采用镂空的处理方式,可以使人清晰地看到礼盒内物品的局部;在开启方式上采用门型开启,增加了仪式感。这种结构处理方式在当下比较流行。

图 5-6　长物礼品包装

　　图 5-7 所示是三时三茶包装,所包装的茶叶主要是云南区域的茶种。该包装在结构处理上,三个礼盒连接起来构成一幅完整的视觉画面,描述的是过去关于茶叶的运输路线和工具;在外盒的处理上采用上下两面,中间的区域裸露在外面,可以很好地展示包装画面的内容。

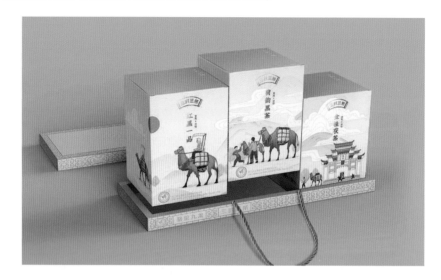

图 5-7　三时三茶包装

图 5-8 所示是由深圳山田土文化传播有限公司设计的有声有色系列中秋礼盒包装,在设计定位上完全颠覆了传统的礼品设计方向。面对中秋团圆佳节,该包装在设计上摒弃传统的红色,采用大地色,给人平和宁静的感觉,同时治愈一切的力量蕴含其中;在结构上以圆形为基准,内盒小包装围绕圆形等分六个部分,简洁干净明了。该作品还有另外两个颜色,即海军蓝和木兰红。海军蓝给人绅士沉稳的感觉,寓意给人信赖和坚定向前的勇气;木兰红代表热情,充满希望,犹如东升的太阳。

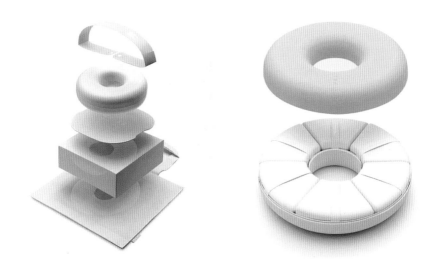

图 5-8　有声有色系列中秋礼盒包装

在材料的选择上,要考虑到礼品包装基本上都比较高端,同时需要特别考虑到材料的环保性,当然还要结合设计的工艺。如果说礼品需要经过长时间的运输,那么还必须考虑礼品包装的牢固性,并考虑运输过程中可能出现的各种问题,如耐磨性、耐水性等问题。市面上常见的礼品包装材料有秸秆压缩材料、原生态材料、工业用品材料、化学用品材料、玻璃器皿材料等。

图 5-9 所示为稻夫子米包装。该包装采用了秸秆压缩材料,白色的外盒与米的颜色相得益彰,洁白无瑕。关于包装材料选择的案例有很多,希望大家在浏览欣赏作品的时候注意观察和做好记录。

对于包装样式,根据礼品的特征和属性进行选择,要考虑到所赠送的对象属于怎样的群体,同时要从消费者的角度出发,应该采用个性化的设计来吸引消费者。

图 5-9　稻夫子米包装

续图 5-9

　　"玉颗珊珊下月轮,殿前拾得露华新。至今不会天中事,应是嫦娥掷与人。"这是唐代诗人皮日休笔下的中秋之景,图 5-10 所示的设计正是将诗人描绘的这幅"夜赏月桂图"进行了还原,透过层层的纸结构,将嫦娥月舞撒桂的场景一步步推进到人们的眼前。图中的嫦娥身着繁复刺绣的唐装,头戴精美的钗环,怀抱灵动的玉兔,立于琼楼玉宇之间,在这中秋之夜,将祝福吉祥与团圆的桂花撒向人间。

图 5-10　中秋礼盒包装

续图 5-10

　　内盒采用纸筒设计,选取了月桂、灯笼、月饼模、玉兔、酒壶和金钗等六种与中秋有关的元素,并分别用妃色、花青色、胭脂色、夜绿色、山吹色、紫堇色等六种中国古典颜色加以衬托,整体精致简约,投射出中式文化的高级感。

　　图 5-11 所示的延安苹果礼盒包装,非常具有延安特色,以延安标志符号"窑洞"为产品包装设计的创意点。窑洞是延安人智慧的结晶。该包装体现出一种自然节能的生活理念。

图 5-11　延安苹果礼盒包装

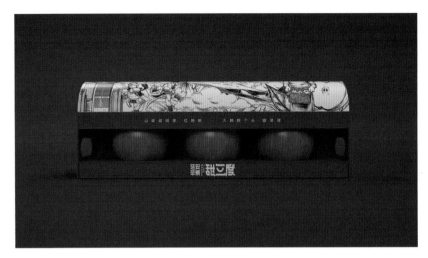

续图 5-11

图 5-12 所示为有机宝宝米和乳玉软米礼盒包装。乳玉软米礼盒包装使用抽拉盒型样式,采用原木和绳子相结合的手法营造原生、自然的感觉,将商标作为包装主要识别符号,突出品牌形象,商标采用烫金工艺,将深色、浅色原木组合,舒适且亲近,顶部添加手提绳,方便携带,整体造型有创意、简约、时尚,个性鲜明,令人印象深刻。

图 5-12　有机宝宝米和乳玉软米礼盒包装

　　包装礼盒设计者需要对顾客的需求有所了解,然后用更多温馨的图案来设计礼盒包装,使外包装能直接体现送礼者的真挚情感。图 5-13 所示是雨林古树茶的包装设计,在视觉上以雨林独一无二的"原生态"森林事物孔雀、鹦鹉、浣熊、猴子动物为表现主题,侧面凸显了茶叶的生长环境、气候,在同类产品包装的视觉中很容易突显出特色。

图 5-13　雨林古树茶礼盒包装

　　图 5-14 所示为玉兔月饼局的包装设计。玉兔正在看报,其乐无穷,与一般的中秋月饼礼盒插画的表现风格完全不同,因为这款礼盒包装中的玉兔具有故事性,传达出独特的设计理念。

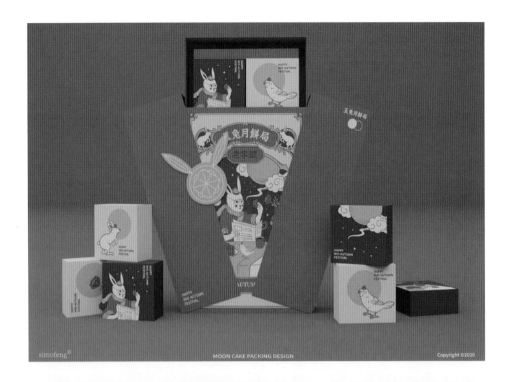

图 5-14　玉兔月饼局礼盒包装

　　图 5-15 所示的林生茶礼盒包装借助于竹节打造产品造型,把购买理由可视化,林生茶是竹林中生长的有机绿茶,竹子是打造林生茶有机印象最好的造型符号。

　　图 5-16 所示是安徽的本土品牌徽六品牌。它的包装在色彩上定义为天青蓝,罐形上的创意来源于绿茶烘焙的工具,盒面以插画表现徽州景色,同时结合徽六的图腾徽章"六边形"造型,传达出徽六品牌的时尚性。

图 5-15　林生茶礼盒包装

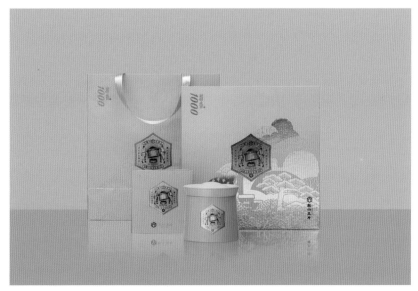

图 5-16　徽六茶叶礼盒包装

续图 5-16

二、礼品包装设计的寓意化设计

寓意化设计主要针对的是礼品包装中的图形设计,传统乃至现代图形符号的主要特征表现为象形性、形声性、达理性和象征性。

1. 象形性

象形性,大部分来源于流传在民众中的各种历史传说,而人类的每个历史时期都会有不同的审美需求,如旧石器时代的山顶洞人将兽齿或骨头进行加工后,佩戴在身上以表达捕猎或与其他部落战斗后胜利的喜悦。通过对这些器物的外形或表面装饰的重复加工,器物的外部形式就在人们脑中形成了映象。图形符号是对所描述对象或为达到与描述对象相似而使用的一种构成手法。在看到图形符号时,人们往往会产生一种直觉的感知。在具体的描绘手法上,一般使用色彩相似、肌理相似、外形相似以及概念相似来表达视觉事

物的关联性。用具象图形表现的优点在于具象图形直接表达了与所描绘图形的相关性,通俗易懂、简洁明了。(见图 5-17)

图 5-17　宝泉贺岁银条包装设计

　　孔雀被视为百鸟之王,在我国仅分布于云南西南部和南部,为国家一级保护动物。孔雀在古代和现代都是尊贵的象征,代表吉祥、善良、美丽、华贵。图 5-18 所示的云顶普洱茶珍包装设计运用孔雀为视觉形象,传达出品牌高贵的气质和产品的珍稀。

图 5-18　云顶普洱茶珍包装设计

2. 形声性

　　图形的形声性主要针对的是人类器官的六个部分。视觉在传达信息中占有接近百分之八十的比例,由

此人们通常利用视觉来传达和体会对外界的认知,但是随着高科技的不断发展,人们开始重视听觉、味觉、触觉等,同时发现图形所传达的视觉符号与这些领域存在着一定意义上的相似性和一致性,并可以互相沟通和解释。图形具有的形声性就是一种视觉语言的传感翻译,它不仅仅指的是图形传达的视觉范围,更多的是达到了与其他器官的共鸣。传统图形用视觉载体记录人类的日常生活,比如民间的舞龙、舞狮上的纹样就是民间艺人对生活提炼而得到的图形文案。(见图 5-19)

图 5-19　传统与现代相融合的礼品包装设计

3. 达理性

符号在具有传达物体特征的同时,还应具备表达事物内部规律的能力。传统图形在礼品包装实际运用中应该符合常人的心理,传统图形关联性的改变并不改变人类对其理的认知。图形本身是设计中的一种符号语言,是视觉传达过程中能比较直接和准确表达传媒的工具。在包装设计中,符号学的运用影响包装设计的表形性的传达。也正是由于它的存在,包装设计传达的信息更加准确无误,表现手法也更加丰富。(见图 5-20)

图 5-20　越光米包装设计

续图 5-20

4. 象征性

象征符号一般与所指对象没有直接的联系。它一般是人们在生活中和长时间的习惯中约定成俗的指向性符号。不同于纯艺术的表达手法,包装设计必须体现出它的功能性,在使用中实现设计的商品附加价值。图 5-21 所示的茉莉花茶包装设计,创意找寻时光开启的源头,二十世纪三四十年代的上海,华尔道夫酒店,穿旗袍的女性,是时尚、浪漫元素的感性表达。

图 5-21　茉莉花茶包装设计

茉莉雪龙罐身采用香朵朵主打插画(见图 5-22)进行包装,八边形边角圆润,握感更舒适,并且图案的排布更加扁平,方便从视觉上对信息的读取。盖子采用圆形内外封盖,密封性更强。

黑狮啤酒是雪花啤酒旗下副线品牌,也是继匠心营造、马尔斯绿等产品之后,雪花啤酒的又一重磅之作。这款产品在上市之前,包装已经获得 2019 年度德国 iF 设计奖及 2019 年度意大利 A 设计奖金奖。

在西方神话中,堕落天使昔拉是恶魔与杀戮者的化身,然而他的外形像美丽的蝴蝶。传说挪亚在第一次造出方舟时,昔拉瞬间制造出洪水淹没了世间的一切。插画上的蝴蝶从神话中蹁跹而来,带着西方古老的神谕和哲学体系,赋予黑狮神秘的气息。插画融合了街头文身艺术,通过人物的不同表情,传达出人们在饮酒前与饮酒后两种不同的情绪,即克制拘束与热情奔放。(见图 5-23)

图 5-22　茉莉花茶包装插画设计

图 5-23　黑狮啤酒包装

　　商标结合现代图形美学与品牌信息,将字体进行符号化升级。运用现代主义的艺术形式将现有的古板形式打破、重组,图形结合文字使用,视觉上更有层次感,识别力更强。字体整体形状接近斧形,呈现出力量感;突起的棱角代表狮子的耳朵,勾勒出狮子的脸部轮廓;字体线条中也有曲线的部分,刚硬中再次体现柔和。

　　靛蓝和纯白的经典搭配,简约时尚,在勾勒这幅繁复的插画时,以极简配色中和视觉压力,为我们更好地呈现出每个人物的情绪对比关系。

三、主题概念设计实践——茗物集茶叶礼品包装

品牌与包装是密不可分的关系,产品包装是品牌形象的外衣,任何包装设计都绕不开品牌本身,同时包装设计还要依托于品牌形象本身的定位及风格特点。品牌形象首先是品牌的名称,包括品牌标志、色彩、包装、广告等内容,这些视觉元素的设计都建立在品牌的基础上。安徽绿茶是纯天然的绿茶,无任何添加剂成分,它是自然的馈赠,品类众多且各有千秋,由此萌生了给安徽绿茶打造一个全新的品牌名称——茗物集。以"茗物集"为名主要是体现安徽知名绿茶众多的特色,寓意嫩芽之初,物集于此。为了更好地展现安徽绿茶的全新面貌,让绿茶礼品包装更加丰富,茗物集的品牌定位是时尚、年轻,期望年轻的消费群体关注安徽绿茶,把茗物集安徽绿茶礼品打造成茶叶礼品中时尚的代名词。

受不同的消费年龄、职业、文化层次等的影响,产品包装的设计风格也会有所不同。茗物集茶叶品牌包装主要是针对时尚且能接受新事物、有一定的文化层次和设计审美的年轻消费群体。他们的年龄主要集中在30～45岁,对前卫的茶叶包装有自己的认识和见解,是公司白领或管理人员等。他们都独立自主,有一定的生活品位和注重生活的仪式感,对新鲜事物、现代艺术设计以及有科技感的产品充满好奇,时尚高雅,喜欢慢节奏的生活。在消费时,他们不仅注重产品本身的品质,而且关注产品本身的视觉感受,即在注重产品品牌的同时,追求满足生活需求和精神层次的需求。针对特定的消费群体有目的性地推出产品,做好宣传推广,用产品打动消费者,能保证企业健康稳步地发展。

茗物集是一个全新的安徽绿茶品牌,主要销售的产品是安徽的绿茶,力求打造成为安徽本土时尚绿茶的代表。现阶段主要是对茗物集品牌进行全方位的设计,包括标志设计、包装设计、广告宣传设计、店铺设计等。对于绿茶的礼品包装设计,彻底改变安徽现有绿茶包装半斤装、一斤装的大袋包装现状,按照饮用量分为小份装。同时,针对不同的消费者需求,将产品分为中端的小袋装系列和高端的混合装礼盒装系列。茗物集茶叶礼品主要适用于年轻朋友间的伴手礼赠送,一茶一饮,改变饮茶者用手触茶的尴尬。

(1)用品牌引领茗物集包装设计形象。

标志形象是品牌传播的核心部分,它代表企业的性质、内涵、文化,茗物集品牌寓意嫩芽之初、物集于此,体现安徽知名绿茶众多的特色,在草图方案构思上,期望最终的标志形象立足于安徽,具有国际化视野的视觉符号。所以在设计方案时,尝试采用不同手法进行表现,从主题字体切入,通过字形的变化并融入几何元素,体现现代简约设计感。(见图5-24)

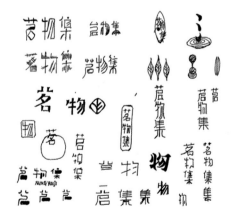

图5-24　标志设计草图

经过前期的草图构思和头脑风暴的尝试,在众多的设计方案中筛选出一个进行完善。标志在字体笔画上融入篆书意境和安徽马头墙的元素,体现文化的历史底蕴和安徽的地域特色;椭圆形的元素近似茶的叶片,环环相扣如同茶叶的生长环境山峦之巅,体现行业的属性。对于字体部分,对笔画做减法处理,用椭圆代替,增加字体的现代感和趣味性。在英文字体设计上,将椭圆形的线条与英文字体结合,使得整体形象更加生动前卫,体现东情西韵的设计理念,同时也符合茗物集的设计定位。在色彩应用上,选用浅绿色、碧绿色、金黄色、浅蓝色,寓意春夏秋冬四季交替循环,标志在不同的季节会有不同的色彩。(见图5-25)

图 5-25　标志设计图

茗物集品牌整体视觉设计统一,在字体设计、图形创意、色彩定位、辅助图形等方面都与现有同类茶叶品牌形象有很大的差异,整体打破了现有茶叶品牌的设计思路,具有很强的识别性和前瞻性,对于品牌传播有良好的效果。

(2)包装设计方案构思。

在包装设计草图构思上,提出设计概念,以礼盒包装结构、罐形造型、小包装盒造型等为切入点,从不同的创意设计角度进行头脑风暴,确保设计方案的合理性和科学性。设计者在方案构思上,查阅大量的历史文献和设计资料,从不同的角度进行方案设计。例如,在罐型构思上,受商代铜柱头兽面造型启发,用简约设计手法,提炼概括罐型;以哥窑瓷觚为原型进行演化,得出柔美的曲线罐型,等等。(见图5-26)

图 5-26　包装结构设计草图

(3)包装设计的展开。

通过调研与分析,设计者将安徽绿茶包装结构主要分为两个部分,一是礼盒内部的包装结构,二是礼盒的包装结构。

首先,在内包装设计上,改变现有安徽绿茶礼品的内包装容量主要以半斤装和一斤装为主的现状,解决包装结构单一、缺乏价值感等问题。对茶叶内部小包装结构进行改进,按照饮用量分为小份装,每一份是一次的饮用量,可容纳绿茶 3.6 克左右。由于太平猴魁茶叶的叶片较大,所以太平猴魁茶叶的小包装偏大,容量在 5 克左右。(见图 5-27)。

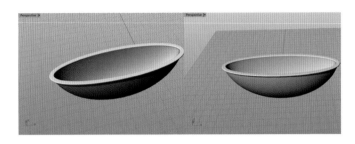

图 5-27　内部小包装结构模型

其次,在包装外盒结构设计上,按照每次饮茶容量划分,展开后由 24 个小包装构成,每个小包装外边缘有虚线,在使用时可以将小包装沿着虚线取出,将外盒合起来后,上盖和下盖对称,呈现出外盒包装的完整状态。(见图 5-28)

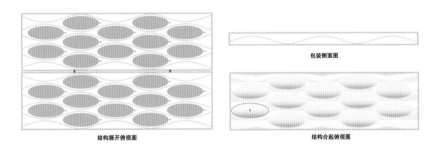

图 5-28　茶叶外包装结构平面图

此款礼盒的结构是内部根据小包装的大小设计凹槽与之对应,可均匀地将小包装放入凹槽中,每款小包装各自独立,合起后盒盖凸起如同一层层茶山。由于太平猴魁茶叶叶片过大,因而小包装的尺寸偏大,内部是椭圆凹槽,可将小包装放入凹槽中。(见图 5-29)

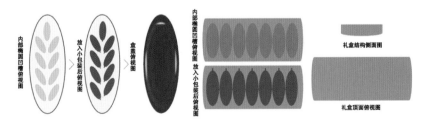

图 5-29　茶叶礼盒结构

(4)包装材料的选择。

在茶叶小包装材料的选择上,小罐茶采用铝罐材质,虽然很好地保护了茶叶的完整性,而且拿在手里很轻便,但在一定程度上属于过度包装,其成本和浪费程度是巨大的。普通的茶叶软包装大都是塑料袋包装,成本虽然很低,但是对于茶叶的保护性是比较差的。

此款小包装设计从材料使用到成本预算都是相对合理的。底托部分采用可降解硬质塑料包装材料,主

要起到保护茶叶的作用;撕贴标签采用的是铝塑复合材料,增加了产品包装的密封性和防潮性;整体包装可以很好地隔绝空气、阳光、水分等对茶叶的侵害,使茶不被氧化,不受潮,能保鲜更长久。(见图5-30)

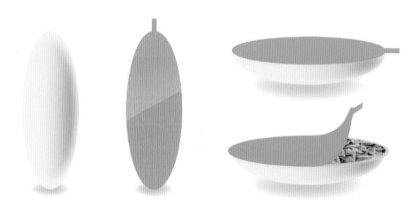

图5-30 茶叶软包装壳设计(一)

在礼盒包装材料的选择上希望以直观的方式将产品展示出来,所以外盒选择了透明环保PVC材料,颜色分为草绿、碧绿、金黄、浅蓝,根据季节的变化进行变换。内部材料是可回收的环保纸张,透过外部可以朦胧看到盒内精致的产品形态,如同一片片新鲜的茶叶,令人浮想联翩。(见图5-31)

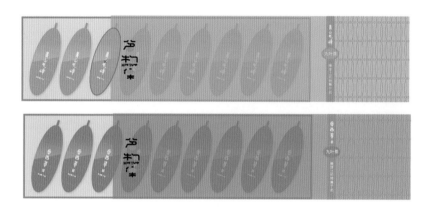

图5-31 普通条盒包装设计(一)

此款茶叶包装礼盒内部结构提取秸秆材料中的天然植物纤维材料生产制造出白色的蛋壳造型,拥有如同蚕茧的质感,这样的茶叶礼盒包装具备良好的生物降解性和环境友好性。包装外盒采用农作物秸秆压缩制成的环保纸张裱纸板,与内盒的纤维材料相融合,传达出清新的自然气息。包装外盒边由木框支撑,横面选用硬质亚克力,内部结构支撑部分由环保特种纸折合而成。(见图5-32)

(5)包装工艺的使用。

在礼盒包装工艺上,采用一组图文阴阳对应的凹模版和凸模版,将承印物置于其间,通过施加较大的压力压出浮雕状凹凸图文。压凸工艺使用得当能增加印刷图案的层次感,并对包装产品起到画龙点睛的作用。压纹工艺是指使用凹凸模具,在一定的压力作用下使印刷品产生塑性变形,从而对印刷品表面进行艺术加工的工艺。经压纹后的印刷品表面呈现出深浅不同的图案和纹理,具有明显的浮雕立体感,增强了印刷品的艺术感染力。(见图5-33)

塑料外盒采用的是烫金工艺,利用热压转移的原理,将电化铝中的铝层图案转印到承印物表面以形成特殊的金属效果。标志黑色部分使用的是丝印,与烫金工艺相结合增加画面的层次感。(见图5-34)

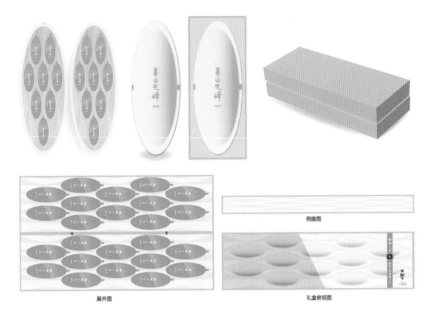

图 5-32　精品礼盒包装设计(一)

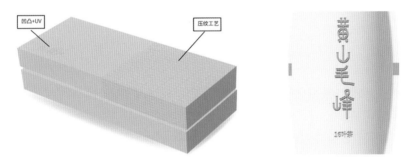

图 5-33　精品礼盒包装设计(二)

图 5-34　普通条盒包装设计(二)

　　茶点礼盒采用的是镂空工艺,镂空区域使用透明的 PVC 补充,人们可以直观地看到包装内部的产品:一半是四次饮用量茶叶,另一半是四包茶点。茶点可以根据不同的节日进行变换,如中秋节可以换成月饼,春节可以换成一些糖块或雪饼等。(见图 5-35)

　　(6)茗物集包装设计及推广。

　　对于直接包裹茶叶的软包装,在净含量的设定上要考虑到茶叶的用量和茶品的纯度,在解决茶叶与水的比例问题的同时增强消费者的体验感。软包装是标志辅助图形椭圆形元素的升华,造型上的弧度与标志辅助图形相呼应,立体的椭圆形包装如同蚕茧和蛋壳一样,寓意茶叶破茧、破壳而出,流露出新鲜茶叶的气息;标签采用近似新鲜的茶叶造型,撕开包装的刹那犹如采茶的瞬间,"一叶一茶"如同采茶喝茶的完美结

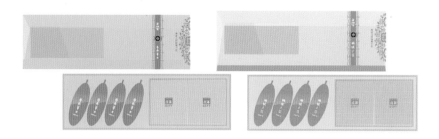

图 5-35 "一茶一点"礼品包装设计

合,给顾客带来很好的体验。(见图 5-36)

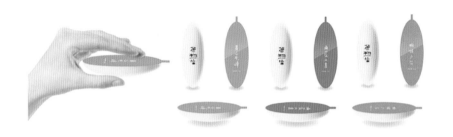

图 5-36 茶叶软包装壳设计(二)

每叶茶包装的克重为 3.6 克,尺寸为 7 厘米×2.4 厘米×2.3 厘米,一叶一泡,茶叶标贴在色彩上分为四种,寓意四季更新交替、不断循环。

饮茶佐以点心,在唐代就有记载,此款礼品由"四叶茶"和四袋甜点组成,消费者在饮茶的同时搭配点心更加符合饮茶习惯。此款礼品的包装在色彩上选取浅色系,朦胧的色彩如同山间的云雾,给人无限的遐想空间。顾客可根据自己的需要选择不同的绿茶类别。此款礼品的包装尺寸为 26 厘米×12 厘米×6 厘米,价格为 119 元,包装小巧精致,便携方便,性价比较高,是伴手礼的最佳选择。

另外一款礼品在普通款的基础上搭配茶具,采用双开门的方式开启,礼盒中间是茶杯,左边是茶叶,右边是茶点。此款礼品售价是 169 元,客户可以根据需要自行选择礼品的配置。(见图 5-37)

图 5-38 所示的礼品主要在内罐配置上进行升级,罐型采用椭圆形元素,盒盖做压纹凹凸处理,纹路如同水纹的扩散,又像环绕的茶山。此款礼品在茶叶的配置上由"九叶茶"组成,可以冲泡 9 次,寓意彼此之间情谊的长久之情;在内部布局上如同一株展开的茶树,采用新鲜的茶叶造型,非常生动。此外还有一款条盒"九叶茶",客户可以根据自己的爱好自行选择。两款礼品的包装尺寸分别为 32 厘米×14 厘米×6 厘米、30厘米×12 厘米×6 厘米,价格均为 139 元,包装精致,便携方便。此两款绿茶礼品的定位是送亲朋好友,寓意天长地久的友谊。

图 5-39 所示是一款专门针对太平猴魁茶叶而设计的罐装礼盒,每小罐容纳"四叶茶",共四罐,饮用量是一周的时间。此款礼品在内罐设计上由四罐不同颜色的小罐组成,摆放时四罐相连,如同竹节,表达出君子之交的气节。外罐的造型是椭圆的立方体,摆放方式是横摆,摆放时由于受着力点的影响,会出现左右微微晃动的现象,如同水波荡漾,慢慢扩散归于平静,同时也寓意上善若水,表现出宁静致远的茶文化内涵。此款礼品的包装尺寸为 21 厘米×10 厘米×6 厘米,价格为 159 元,饮用次数为七次。正所谓"君子之交淡如水",此款绿茶礼品的定位是送知己,寓意君子之间的"知己之礼"。

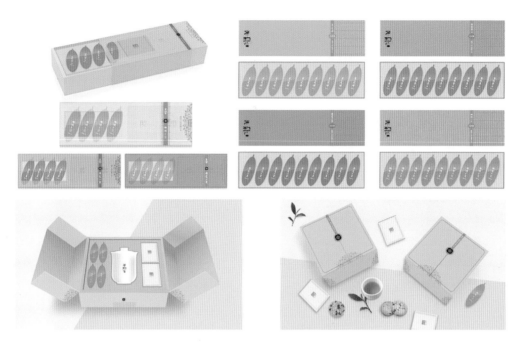

图 5-37　茶点礼品包装设计

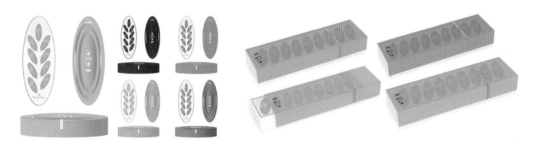

图 5-38　茶叶包装礼盒整体设计

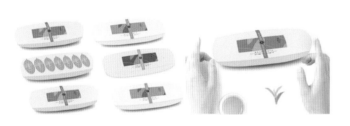

图 5-39　茶叶礼品包装设计

　　图 5-40 所示的精品包装礼盒分为上下两半各"八叶茶",每次取茶如同取莲子一样,传达出茶叶的新鲜气息,无论是材质还是视觉感受都给客户带来良好的体验感。包装外盒采用农作物秸秆压缩制成的环保纸张裱纸板,与内盒的纤维材料相融合,传达出清新的自然气息。此款礼品的包装尺寸为 30 厘米×14 厘米×12 厘米,价格为 239 元,饮用周期为五天左右,礼盒整体包装精美,主要用于赠送贵宾佳人。

　　图 5-41 所示是另外一款高档包装礼盒,同样分为上下两半各"十二叶茶",人们透过包装可以看到产品的内部结构,以更直观地了解产品的状态。此款礼品的包装尺寸为 35 厘米×14 厘米×10 厘米,价格为 349元,饮用周期为八天左右,礼盒整体包装精美,主要用于赠送贵宾佳人。另外一款在此款的基础上搭配茶具,客户可以根据需要自行选择礼品内的配置。

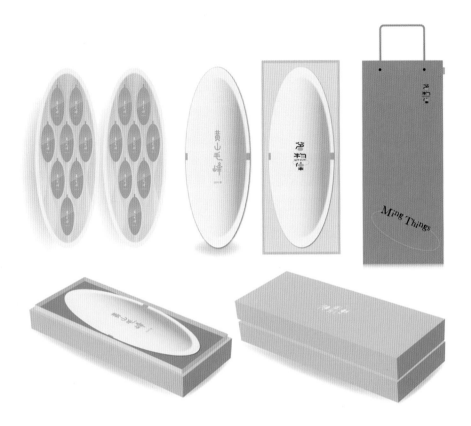

图 5-40　茶叶包装礼盒整体设计效果(一)

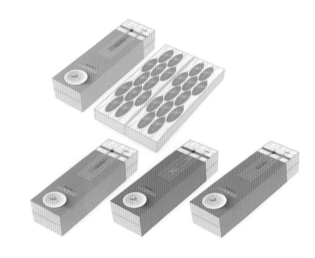

图 5-41　茶叶包装礼盒整体设计效果(二)

(7)宣传推广设计。

　　对于品牌需要进行多方面的推广。让消费者对茗物集茶叶礼品包装有印象,首先要做的是对茗物集品牌本身的推广,宜使在一些物料上的应用设计形成统一的视觉识别系统。对外广告的推广场所宜选择一些人流量大且高档的场所,如机场、高铁站、公交站、大型商场等地。(见图 5-42)

　　在茗物集海报设计上,受日本著名设计大师原研哉先生作品的影响,采用极简风格,蜿蜒的山脉如同茶山,产品穿插在其中,由近及远,四季变化更新交替,如同茶道"空寂"意识的一种反映。海报整体以其纯粹的、简约的设计风格让我们的内心感到平静,同时体现出茶者的静谧和优雅。(见图 5-43)

图 5-42 环境应用效果图

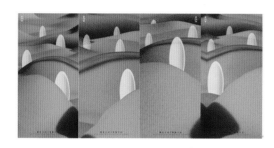
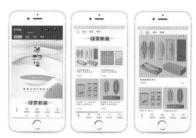

图 5-43 海报与手机店铺推广设计

在新时代互联网媒体的推动下,手机移动端成为品牌推广的主流,大部分消费者都会选择在电商上购物。针对此情况,设计者设计了手机移动端的官方店铺。线上与线下相结合,更有利于礼品的销售及品牌的推广。

茶叶作为安徽优势特色产业,对推动农业农村现代化、实施乡村振兴战略、促进产业扶贫及茶农增收等起着重要的作用。一份美好的绿茶礼品,不仅要有好的视觉设计,还要有符合用户习惯的包装结构设计,并配上柔美的语句文案。完成一份优美的视觉设计,要求设计师必须掌握巧妙的图形创意和细腻的字体设计方法,熟练运用配色原理,用丰富的想象力和创造力,将传统与现代结合,触动人内心深处的感动,从而达到与消费者的共鸣。优秀绿茶礼品包装设计是综合跨界的设计,它需要不同领域的设计师相互配合,从内罐的结构设计到外包装设计,从图形、字体到色彩的搭配,从包装的材料选择到工艺筛选,每一个环节都需要严密把关,这样才能创作出符合用户习惯的有创意美感的绿茶礼品包装。

拓展资源

Baozhuang Sheji

第六章
现代包装设计的发展趋势

> **教学目标**

通过对本章的学习,对现代包装设计的发展趋势有基本的认知,了解中国包装设计发展趋势中的人性化、个性化、绿色化、视觉风格化趋势。

> **教学重点**

本章节重点是要求学习者充分了解现代包装设计的发展趋势,通过对现代包装设计作品风格、特点的分析,使学习者掌握现代包装设计发展趋势的特点。

> **实训课题**

实训六:

通过各种渠道(实际案例、网络、图书馆等)收集图片或照片资料,分析现代包装设计的风格、特点,写出一篇中国现代包装设计的趋势分析论文。

包装是人们日常生活不可分割的一部分。在当今这个物质极其丰富的时代,作为消费者,对包装有着比较深刻和具体的判断。消费者参与到包装设计之中,他们的意见与感受就是设计的依据和目标之一。因此,从某种意义上说,包装设计已经不是设计师的专利。脱离消费群体,设计师们所津津乐道的设计就是空中楼阁。成功的包装设计师对消费者的意见所持的态度并不亚于他对自己灵感的珍视。"最好的包装就是没有包装",这是极为流行的一种说法。这并不是简单地回到商品的原始状态,而是要求包装应该同它包裹着的产品达到高度的完美统一。基于此,探讨当前乃至今后相当长一段时间内中国包装设计的趋势和走向,对于包装设计人员的构思观念,对于消费者的消费行为,乃至对于实现人类社会的可持续发展有着极大的促进作用。

现代包装设计作为视觉传达的主要形式,经历了从工业化社会到信息化社会的历程,无论是在设计观念上,还是在功能上都发生了很大的变化。以往在包装设计中常用的法则因为受到新思潮与新观念的影响,逐步开始形成新的发展趋势。

一、中国现代包装设计的人性化设计趋势

中国现代包装呼唤人性化的设计。随着时代的发展,人们对产品包装除了要求实用之外,还要求能顺应现代的审美潮流,追求美的情调。追求产品包装设计功能性的日益完美和追求视觉美的感受逐渐成为现代包装设计的首选目标。这主要体现在以下几个方面。

(1)产品在设计包装功能上大力追求方便型包装,如为满足户外工作和旅游消费者甚至老人儿童的食用需要,产品包装利用光能、化学能及金属氧化原理,使食物在短时间内自动加热或自动冷却(见图6-1、图6-2);为方便婴儿喂奶和老人吃药,热敏显色包装在盛装不同食品或药品时显示不同的颜色,以供识别。这些设计给消费者带来新的感受并提高了他们的消费欲望,更使他们感受到在商品经济社会中商家对消费者在生活需要方面的关注。

图 6-1　自热锅系列包装(一)

图 6-2　自热锅系列包装(二)

(2)在视觉设计方面,强调视觉的充实与舒适,更追求唯美的效果。(见图 6-3、图 6-4)

图 6-3　高端有机石板米系列包装(一)

图 6-4　高端有机石板米系列包装(二)

　　(3)在商品经济高度发达的今天,人与人之间的关系由于现代通信的高度信息化而变得越来越疏离,人们需要生活,需要更多的关怀与体贴。这种心理上的需求也反映在今天的包装设计上,我们可以看到具有怀旧气息的设计表现形式、乡土气息浓烈的设计表现形式,以及运用手绘效果的设计表现形式(见图 6-5、图 6-6)。这些设计在视觉上给人们带来美的享受,显得更"友好"、更"亲切"。这些设计使人们回忆起儿时的天真快乐,使人们联想到久违的大自然,使人们惦记起远在他乡的亲朋。在产品包装设计中大大缩短消费受众与生产者的心理距离,从而使消费受众产生购买欲望,也是中国现代包装设计在营销策略上的新趋势。

图 6-5　"传家之好"茶系列包装(一)

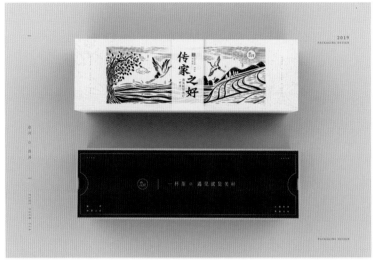

图 6-6 "传家之好"茶系列包装(二)

二、中国现代包装设计的文化个性需求趋势

设计文化存在着共性和个性的特点,包装设计也不例外。随着社会经济的发展,客户在产品包装设计上对文化形式的需求也日益加强,因为缺乏文化内涵而失去市场和机会的例子已屡见不鲜。这是因为人们对自身所处的文化背景有着很深的认同感。不同的国家、不同的民族有着不同的文化特色。一个民族的文化个性是整个民族艺术设计风格形成的坚实基石。中国是一个有着博大精深文化内涵的国度,中华民族更是尊重传统,以自己历史文化为荣的民族。富有中国传统特色的图形和文字具有特殊的东方形态,深深吸引着酷爱中国文化的人们。(见图 6-7、图 6-8、图 6-9)

图 6-7　"御"茶系列包装（一）

图 6-8　"御"茶系列包装（二）

图 6-9　"御"茶系列包装（三）

在中国现代包装设计作品中,我们不仅能看到运用在包装设计外观上的中国山水画和龙凤吉祥符号,还能看到中国书法变体字等。这些中国元素通过设计师巧妙而生动的解构技巧,形成一个个既有视觉冲击又富有中国本土文化特征的设计作品,人们在选择商品时,很容易就能产生情感上的共鸣,并在情感上得到满足。可以肯定地说,既能很好地利用视觉语言的共同性,又能充分体现文化的个性的包装设计作品在现代社会才更具有生存的空间。(见图 6-10 至图 6-16)

图 6-10 "知味观"系列酒水包装(一)

图 6-11 "知味观"系列酒水包装(二)

图 6-12 "知味观"系列食品包装(一)

图 6-13 "知味观"系列食品包装(二)

图 6-14　"知味观"系列食品包装（三）

图 6-15　"知味观"系列食品包装（四）

图 6-16　"知味观"系列食品包装（五）

三、中国现代包装呼唤绿色设计趋势

(1)21世纪绿色化思想的提出,掀起了以保护环境和节约资源为中心的绿色革命,绿色包装已是世界包装变革的必然趋势,谁先认识并及早行动,谁就将在新一轮的世界市场竞争中处于主动和不败的地位。中国对环境保护问题日益关注,并利用当前这一变革趋势,按照绿色包装保护环境、节约资源的理念,从产品确定、原材料选择、工艺设备选用、生产路线制定、产品流通销售,到对废弃物的处理与利用等,对整个生命周期的生产技术进行了变革,建立起了我国崭新的绿色包装工业体系。(见图6-17、图6-18)

图6-17 环保鸡蛋包装

图6-18 低碳咖啡包装

(2)在材料使用方面,要求多使用可进行生物降解和再生循环使用的材料进行包装;在宣传方面,在外包装上出现"请在抛弃这个包装时注意环境的清洁"等字样,提醒并提高人们的环保意识;在视觉表达方面,受绿色设计主题的影响,设计群体相应提出了少就是美的设计方向,提倡设计画面各设计元素通过编排组合去繁就简,反对过度设计,以取得最佳视觉效果。他们还认为包装设计应具有直接性,这是因为包装设计负载着在短时间内,通过自身色彩、造型等视觉语言吸引和打动消费者的任务。所以,简洁明快而富于寓意性的符号被广泛应用于各种产品包装,通过简洁的包装造型形态和器皿设计,直接明确地暗示产品的功能与用途,编排的巧妙与新奇为消费者的视觉感官带来新的享受。(见图6-19、图6-20)

四、中国现代包装视觉风格化趋势

雷同的设计会令包装设计作品失去艺术的生命力。风格代表着设计者的个性,有个性才不会产生雷同,个性化趋势就是无限超越自我、培养激情。个性化被运用到中国现代包装视觉上,创意上的风格化趋势已经形成,这一种趋势让设计作品在个性表达上更具有生命力,也令画面上各种视觉要素以一种特定的方式组合,并达到更加和谐一致的效果,使包装设计作品体现出一种个性化的美感,既独特而又颇具创新性。

图 6-19　低碳方便面包装

图 6-20　可二次利用的马克杯包装

　　换言之,体现男性风格的具有阳刚之美的包装设计作品,自然能吸引众多男性消费者的目光,或高贵,或活泼,或典雅,或华丽的设计风格能为不同的消费人群带来更多的选择。近年来备受年轻人推崇而流行的随意版式设计风格体现出年轻一代求新、求奇、不愿受约束的心理特点,所以把握风格化的趋势是一个包装设计成功的关键,也是中国现代包装发展中对视觉风格化的需要。它既增强了产品的市场竞争力,又使设计作品具有艺术观赏性,是提高大众审美的新趋势。(见图 6-21 至图 6-25)

图 6-21　弥你红果酒系列包装(一)

图 6-22　弥你红果酒系列包装(二)

图 6-23　弥你红果酒系列包装(三)

图 6-24   谷味湘粉糍粑包装

图 6-25   半个朋友果酒包装

拓展资源

参考文献
References

[1] 左旭初.民国食品包装艺术设计研究[M].上海:立信会计出版社,2016.

[2] 朱和平.世界经典包装设计[M].长沙:湖南大学出版社,2010.

[3] 张旗,尹青,张鸿博,等.包装设计[M].北京:清华大学出版社,2011.

[4] 徐丰,熊金汇,朱彬.包装设计[M].北京:中国民族摄影艺术出版社,2011.

[5] 李芳.商品包装设计手册[M].2版.北京:清华大学出版社,2020.

[6] [美]玛丽安·罗斯奈·克里姆切克,桑德拉·A.科拉索维克.包装设计:成功品牌的塑造力——从概念构思到货架展示[M].胡继俊,译.上海:上海人民美术出版社,2021.

[7] 薛慧峰,边少平.商业包装设计[M].北京:中国水利水电出版社,2012.

[8] 李万军.零基础学包装设计[M].北京:清华大学出版社,2020.

[9] 王安霞.产品包装设计[M].南京:东南大学出版社,2009.

[10] 魏洁.包装设计基础[M].上海:上海人民美术出版社,2006.